MODERN ITALIAN DESSERTS

·모던 이탈리아 디저트·

프란체스코 만니노 지음
Francesco Mannino

· 모던 이탈리아 디저트 ·

MODERN ITALIAN
DESSERTS

프란체스코 만니노 지음
Francesco Mannino

BnCworld

프롤로그

현대적인 감각의 이탈리안 디저트

이탈리아의 작은 카페이자 제과점인 파스티체리아pasticceria에 들어서면 항상 볼 수 있는 장면이 있습니다. 나이 지긋한 아저씨가 분주하게 커피를 내리고 있고 얼굴 한가득 웃음 띤 웨이터는 '프레고(드세요)Prego'라는 말과 함께 카푸치노 한 잔과 코르네토cornetto를 건넵니다. 이탈리아에서 일상적으로 만나는 아침 풍경이자 문화지요.

저는 이탈리아 로마 출신입니다. 아버지는 로마에서 변호사로 일하셨지만 요리에 열정이 많은 시칠리아 출신이셨지요. 덕분에 저는 어려서부터 여러 음식 문화를 다양하고 깊게 경험할 수 있었습니다. 또 매년 여름이면 시칠리아에 있는 할아버지, 할머니 댁을 방문하곤 했는데 두 분은 방금 나무에서 딴 과일과 직접 만든 치즈로 크로스타타(타르트)crostata나 토르타(케이크)torta를 잔뜩 만들어 주셨습니다. 이탈리아의 뜨거운 햇살 아래 자란 신선한 재료로 만든 정성스런 디저트들은 세상 어디에서도 맛볼 수 없는 최고의 맛이었고, 그 모든 순간과 과정들에 대한 기억은 아직도 제 마음 깊은 곳에 간직되어 있습니다.

저는 아버지의 영향으로 대학에서 법학을 공부하게 되었지만 마음속으로는 항상 보다 창의적인 일을 하면 좋겠다고 생각했습니다. 아버지의 반대를 무릅쓰고 법학 공부를 그만둔 후, 단기 어학 연수를 위해 런던으로 떠났습니다. 물가가 비싼 런던에서 부모님께 손을 내밀 수는 없어 작은 레스토랑에 페이스트리 셰프로 취직했습니다. 처음 해 보는 주방 일은 매우 재미있었지만 날이 갈수록 지식과 경험이 부족하다는 걸 깨달았습니다. 하지만 포기하기보다는 본격적으로 공부를 해 보고 싶었습니다.

20대 후반의 늦은 나이였지만 웨스트민스터 컬리지에서 NVQ과정(영국의 국가 직업 자격 과정)National Vocational Qualification을 밟았고, 그 뒤 하카산 레스토랑을 거쳐 제 페이스트리 인생의 터닝 포인트가 된 클라리지스Claridge's 호텔에 취직하게 되었습니다. 그곳에서 엄격하지만 최고의 전문성을 가진 헤드셰프 닉Nick을 만났습니다. 지금은 좋은 친구가 된 그의 밑에서 밤낮을 가리지 않고 일하며 페이스트리 셰프로서 몇 단계 발전할 수 있는 시간을 보낸 뒤, 그의 추천으로 파리의 피에르 에르메Pierre Hermé에서 전통 제과를 좀 더 깊게 배울 수 있는 기회를 얻었습니다. 거기서 몇 년간 배우고 일하며 제과의 모든 기초를 탄탄히 쌓고 완벽함을 추구하는 마음가짐을 다지게 되었습니다.

런던에 다시 돌아간 뒤, 더 코넛 호텔, 만다린 오리엔탈 호텔 등에서 근무하다 가족들과 함께 아시아로 거처를 옮겨 중국 북경의 포시즌스 호텔, 심천 더 랭함 호텔에서 5년 동안 제과장 Executive Pastry Chef으로 근무하였습니다.

그리고 지금은 아시아 대륙의 가장 동쪽, 이곳 서울에서 아내와 함께 저의 디저트 숍인 푼토돌체를 운영하고 있습니다.

서울은 카페와 디저트 문화가 매우 발달한 곳입니다. 그럼에도 불구하고 제가 가게를 오픈한 2021년 당시만 해도 상대적으로 이탈리아 과자는 덜 알려져 있는 것 같았습니다. 그래서 이 책을 통해 이탈리아의 과자와 디저트 문화를 더 많은 사람들에게 알리고 싶다는 생각을 했습니다. 다행히 최근 들어 유행처럼 이탈리아 카페가 생겨나고 마리토초 같은 이탈리아 제품이 인기를 끌어 더욱 시의적절한 책이 되리라 믿습니다.

이 책에서는 이탈리아 디저트를 크게 비스코티(쿠키), 케이크와 타르트, 전통 디저트, 발효빵과 페이스트리 이렇게 4가지 파트로 나누어 보았습니다. 파트별로 이탈리아 고유의 맛을 느낄 수 있는 대표적인 메뉴를 선택하기 위해 고심했습니다. 또한 독자 여러분이 아직은 많이 알려지지 않은 이탈리아 디저트를 편안하게 만나 볼 수 있도록 노력했습니다.

할머니 손맛 가득한 소박하고 정겨운 이탈리아 디저트를 세련된 현대 제과 기술로 재해석한 『모던 이탈리아 디저트』. 이 책이 일반 독자 여러분에게는 이탈리아의 전통적인 멋과 맛을 경험할 수 있는 멋진 통로가 되길 바라며, 또한 제과에 종사하는 전문인에게는 새로운 영감과 아이디어를 주는 원천이 되길 바랍니다. 끝으로 이 책을 내기 위해 헌신적으로 도와 준 사랑하는 아내 수Sue Kim와 보석 같은 두 자녀 루나Luna, 세바스티안Sebastian에게 사랑을 전합니다.

Forza! (포르차, 이탈리아어로 '파이팅')

2022년, 서울
셰프 프란체스코 만니노

추천사

이탈리아 디저트에 대한 멋진 안내서

한국에 살면서 고향 음식이 많이 그리웠는데, 서울에 이탈리아 디저트 숍 '푼토돌체'가 생겨서 얼마나 기뻤는지 모릅니다. 제 유튜브 채널을 통해 이탈리아 디저트를 소개해 준 프란체스코 만니노 셰프의 책 출간을 축하합니다. 셰프는 이탈리아의 맛을 너무나 잘 알고 이해하고 있으며 오랫동안 세계 각국의 5성급 호텔 제과장을 지냈기 때문에 세련되고 고급스러운 맛을 보여 줍니다. 오랜 역사를 가진 다양한 종류의 이탈리아 디저트가 아직 한국에 많이 소개되지 않아 늘 아쉬웠는데, 프란체스코 셰프의 책이 이탈리아 디저트에 대한 멋진 안내서가 되길 바랍니다.

알베르토 몬디 Alberto Mondi (방송인)

일반인과 전문가를 모두 만족시키는 책

2021년 1월, 프란체스코 만니노 셰프가 성수동에 이탈리아 디저트 숍인 푼토돌체를 오픈했습니다. 덕분에 당시 성수동에서 강의를 하고 있던 저와 성수동 주민들, 그리고 서울숲 방문객들은 이탈리아의 맛과 문화를 경험하는 즐거움을 누릴 수 있었습니다. 프란체스코 셰프는 오랫동안 제과업계에서 멋진 경력을 쌓아 왔을 뿐만 아니라, 고향 이탈리아 페이스트리에 대한 사랑이 가득한 분입니다. 그리고 이번에는 『모던 이탈리아 디저트』라는 책을 통해 우리에게 많은 것을 소개해 주려고 합니다. 저는 『모던 이탈리아 디저트』가 달콤한 이탈리아의 풍미에 호기심을 가진 일반인과 새로운 테크닉을 탐구하는 모든 전문가를 만족시키는 책이 되리라 확신합니다.

장 마리 라니오 Jean-Marie Lanio (셰프, '이렇게 맛있는 브리오슈' 저자)

PART. 01
BISCOTTI
비스코티

FRUTTA SECCA
견과류

호두 Noci

고소하고 부드러운 호두는 이탈리아에서 인기가 많은 견과류입니다. 디저트뿐만 아니라 요리에도 많이 사용됩니다. 초록색 풋호두로는 노치노Nocino라는 리큐르를 만들기도 합니다. 보통 반태나 분태를 구입해서 사용합니다. 미리 전처리하지 않고 그대로 제품에 섞어서 굽거나, 150℃로 예열한 오븐에서 20분 정도 색이 고루 나도록 구워 사용합니다.

아몬드 Mandorle

아몬드는 이탈리아에서 전통적으로 많이 사용하는 식재료입니다. 특히 시칠리아 인근 지역에서 많이 납니다. 건조시킨 아몬드는 통으로, 다지거나 가루 내어, 혹은 마지팬 형태로 사용합니다. 시칠리아에서는 일반 스위트 아몬드와 쌉쌀한 비터 아몬드 두 종류가 나는데 비터 아몬드는 특이한 향을 더하기 위해 제과 제품에 소량씩 사용하기도 합니다. 보통 재료 본연의 맛과 모양을 살리기 위해 껍질이 있는 통아몬드를 많이 씁니다. 통아몬드, 슬라이스, 분태를 구입해 용도에 맞게 활용하면 좋습니다. 150℃ 오븐에 20~25분 정도 고루 색이 나게 구우면 더욱 고소한 맛을 낼 수 있습니다.

깨 Sesamo

고소한 풍미를 가진 참깨 씨앗은 인류가 오랫동안 사용한 재료입니다. 아프리카 혹은 인도에서 기원했는데 중동을 거쳐 유럽에 전해졌다고 합니다. 한국의 참깨도 아라비아 상인을 통해 중국을 거쳐 한국에 전해진 것으로 알려져 있습니다. 그만큼 역사도 오래되고 동서양 어디서나 즐겨 먹는 향신료입니다. 특히 이탈리아 남부와 시칠리아에서 빵이나 비스킷, 샐러드에 풍미를 더하기 위해 많이 씁니다. 흰깨와 검은깨를 각각 사용해도 좋지만, 흰깨와 검정깨를 섞어도 좋습니다. 섞인 모양도 예쁘고 두 가지 깨의 맛이 어우러져 더욱 풍부한 맛을 냅니다.

헤이즐넛 Nocciole

동그란 모양의 견과류로, 갈색으로 익으면 고소한 맛이 나는 개암나무의 열매입니다. 생으로 혹은 구워서 먹고 주로 제과, 제빵, 초콜릿에 많이 이용합니다. 지방 성분이 많아 압착해서 헤이즐넛 오일도 만듭니다 이탈리아는 터키와 함께 가장 큰 헤이즐넛 생산국이며 특히 캄파니아, 라치오, 피에몬테, 시칠리아 지역이 가장 유명한 헤이즐넛 산지입니다. 피에몬테는 유명한 헤이즐넛 초콜릿 페레로 로셰의 고향이기도 합니다. 통헤이즐넛은 150℃ 오븐에 20~25분 정도 구워서 사용하면 색감도, 고소한 맛도 더 살아납니다.

잣 Pinoli

먹을 수 있는 잣은 유럽, 한국, 북미에서 가장 많이 납니다. 지중해 지역에서는 구석기 시대부터 잣을 먹었다고 하며, 이탈리아에서도 바질 페스토와 같은 소스, 요리, 디저트에 잣을 많이 사용하고 있습니다. 한국의 잣은 유럽의 잣과 품종은 다르지만 모양과 맛이 매우 풍부해서 제과 재료로 적합합니다. 잣의 고소한 맛을 살리기 위해 미리 오븐에 구워서 사용하면 좋은데, 크기가 작고 지방 성분이 많아 빨리 타기 쉬우므로 150℃ 오븐에서 구움색을 확인하며 구워야 합니다.

피스타치오 Pistachio

옻나무과에 속하는 피스타치오 나무 열매의 씨앗으로, 이탈리아 남부 시칠리아 지역은 기후와 환경이 잘 맞아 질 좋은 피스타치오의 재배가 활발히 이루어지고 있습니다. 에트나Etna 산자락 아래 브론테Bronte 지역의 초록색 피스타치오는 화산 토양에서 자라 향과 색이 좋고 가격이 높게 매겨집니다. 한국에서는 질 좋은 이탈리아산 피스타치오를 구하기 어렵지만, 피스타치오 페이스트는 많이 유통되고 있습니다. 질 좋은 이탈리아 피스타치오 페이스트를 사용하기 위해서는 시칠리아산인지 꼭 확인해 보세요.

호두

아몬드

깨

아몬드 슬라이스

헤이즐넛

잣

피스타치오

레몬

무화과

살구(잼)

서양배
(통조림)

아마레나

라즈베리(잼)

FRUTTA
과일

레몬 Limoni

지중해 연안 이탈리아 남부의 레몬은 품질이 좋기로 유명합니다. 그래서 이탈리아의 디저트에는 유난히 레몬이 많이 사용됩니다. 보통 과즙을 내서 사용하거나 향과 맛이 풍부한 껍질의 제스트를 사용합니다. 한국에는 보통 미주 지역 레몬이 많이 수입되는데 왁스 처리가 되어 있는 경우가 많습니다. 껍질을 사용하는 경우 뜨거운 물, 베이킹 소다, 소금 등을 이용해 껍질을 잘 세척해야 합니다. 제스트를 낸 후 레몬즙을 미리 짜서 얼려 놓으면 필요할 때 바로 쓰기 좋습니다.

무화과 Fichi

무화과는 유럽, 지중해, 중동 지역에서 많이 나는 재료로 이탈리아에서도 즐겨 먹습니다. 우리가 먹는 부분은 무화과의 열매가 아니라 꽃받침 안에 들어 있는 꽃 부분입니다. 달콤하고 부드러운 무화과는 생으로도 많이 활용하지만, 말리면 보관하기도 좋고 독특하고 재미있는 식감이 생기기 때문에 제과에 두루 어울립니다. 푼토돌체에서는 반건조 무화과를 주로 활용하는데 완전히 말린 제품이 아니라 구웠을 때 촉촉함이 살아 있습니다.

살구(잼) Albicocca

살구는 중국이 원산지라고 하고 아르메니아를 통해 유럽으로 전해졌다고 합니다. 새콤달콤한 과육은 생으로도 많이 이용하지만, 과육이 부드러워 상하기 쉽기 때문에 다양한 방법으로 저장합니다. 건조, 냉동시키거나 잼, 시럽에 절여서 보관합니다. 유럽이나 중국에서는 살구의 씨앗도 디저트나 리큐르에 소량씩 사용하곤 합니다. 살구의 맛과 품질을 그대로 살리기 가장 좋은 것은 냉동 퓌레 제품입니다. 살구가 나는 계절이 아닐 때도 균일한 맛과 품질을 유지하기 좋습니다. 건살구는 쫄깃한 식감이 매력적입니다.

아마레나 Amarena

아마레나 체리는 이탈리아 북부 볼로냐와 모데나에서 자란 작고 새콤한 검붉은 색의 체리입니다. 주로 시럽에 절여 디저트에 활용하는데 특유의 쌉싸름한 맛이 달콤한 디저트와 잘 어울립니다. 한국에는 시럽에 절인 제품이 판매되고 있는데, 캔 제품을 구입해서 체리만 체에 걸러 시럽을 닦아 낸 후 씁니다.

서양배(통조림) Pere

전체적으로 동그란 한국 배와는 달리 서양배는 꼭지 부분이 갸름하고 꼭지 반대쪽은 둥근 모양입니다. 과육이 부드럽고 달콤하며 오톨도톨한 식감이 느껴집니다. 한국 배처럼 아삭하고 수분이 많지는 않지만 익을수록 달콤하고 부드러워져 서양 디저트의 단골 재료로 사용합니다. 고대 그리스 시대부터 먹은 오래된 과일로 생으로, 익혀서, 말려서, 혹은 술로 만들어 먹습니다. 한국에서는 서양배를 구하기가 쉽지 않아 주로 시럽에 절인 통조림 서양배를 이용하는데, 디저트 재료로 사용하기에는 손색이 없습니다.

라즈베리(잼) Lamponi

라즈베리는 상큼한 맛의 작은 알갱이들이 모인 듯한 사랑스러운 형태의 과일입니다. 모양과 색이 예쁘고 맛이 새콤하여 생으로 먹거나 디저트의 재료, 장식용으로 많이 씁니다. 생과가 나오는 기간이 매우 짧아 잼, 시럽, 퓌레, 술로 만들어 제과에 활용합니다. 냉동 퓌레를 사용하면 사시사철 균일한 맛과 품질의 제품을 생산하기 좋습니다. 모양 그대로 얼린 냉동 라즈베리는 토핑으로 활용하기 좋고, 씨앗의 씹히는 식감을 살리고 싶을 때 사용해도 좋습니다.

FORMAGGIO, POMODORO, ECC.
치즈와 토마토 등

올리브 Olive
생올리브는 쓴맛과 떫은맛이 강한데, 소금에 절이면 쓴맛이 사라지고 부드러운 질감과 짭짤하고 고소한 풍미를 갖게 되기 때문에 주로 절인 올리브를 활용합니다. 완전히 익은 검은 올리브는 단맛이 강하고, 덜 익은 초록색 올리브는 신맛과 떫은 맛이 더 강합니다. 씨앗 그대로 절인 제품도 있으므로 재료로 넣을 때는 씨앗을 잘 제거해야 합니다.

방울 토마토 Pomodoro
토마토는 남미가 원산지이며 16세기에 유럽과 이탈리아에 전해졌습니다. 17세기 이탈리아 나폴리에서 토마토 요리법이 개발되고 토마토 소스를 활용한 피자와 파스타가 대중화되면서 이탈리아를 대표하는 식자재가 되었습니다. 제과에서는 방울 토마토를 활용하기 좋은데, 맛과 영양 면에서 일반 토마토에 뒤지지 않고 작고 앙증맞은 사이즈라 부재료나 토핑용으로 적합합니다.

파르미지아노 레지아노 치즈 Parmigiano Reggiano
파르메산 치즈라고도 부르는 파르미지아노 레지아노는 이탈리아 북부에 위치한 파르마 Parma와 레지오 에밀리아 Reggio-Emilia를 중심으로 생산되는 치즈입니다. 수분이 적어 그라나 grana라고 불리는 과립형 결정 입자가 느껴지는 경성 치즈입니다. 오돌토돌하게 씹히는 식감과 깊은 감칠맛과 풍미 때문에 '치즈의 왕'이라고 불리는 고급 치즈입니다.

발사믹 식초 Aceto Balsamico
단맛이 강한 포도를 즙 내어 나무통에 숙성시켜 만든 포도주 식초입니다. 맛이 풍부하고 깊은 최고급 식초입니다. 유럽연합으로부터 원산지 명칭 보호를 받고 있어 발사믹이라는 이름을 사용하기 위해서는 이탈리아 북부 모데나에서 나온 포도 품종을 가지고 그 지역의 전통기법으로 만들어야 합니다. 숙성기간이 길수록 풍미가 좋아집니다.

토마토 페이스트 Concentrato di Pomodoro
토마토 페이스트는 100% 토마토를 장시간 졸여 수분을 날리고 씨와 껍질 없이 과육만 남긴 걸쭉한 형태의 토마토 제품입니다. 희석해서 소스로 쓰거나 진한 토마토의 색과 농도, 풍미가 필요한 반죽, 크림에 넣으면 좋습니다. 농축된 제품이라 일회 사용량이 많지는 않기 때문에 튜브에 들어 있는 제품을 구입하면 보관과 활용이 편리합니다.

리코타 치즈 Ricotta
신맛이 적은 하얀색 리코타 치즈는 부드럽지만 지방 함량이 낮습니다. 치즈를 만들고 남은 액체 상태의 유청 whey을 다시 끓여 만드는 치즈가 '다시 익혔다 recooked'라는 뜻의 리코타 ricotta라고 불립니다. 필링용으로 사용할 경우 셸이 눅눅해지지 않도록 물기를 잘 제거해야 합니다.

토마토 소스 Salsa di Pomodoro
토마토 페이스트보다는 좀더 묽은 제형의 100% 토마토 제품으로 마늘, 허브와 같은 향신료를 더해서 만들기도 합니다. 농축된 제형이 아니라 희석하지 않고 그대로 요리나 디저트에 편리하게 활용하기 좋습니다.

마스카르포네 치즈 Mascarpone
신맛이 적은 부드러운 크림 향의 마스카르포네 치즈는 디저트와 매우 잘 어울리는 재료입니다. 소젖(또는 물소의 젖)의 크림을 90℃ 정도로 가열한 뒤 산을 첨가해 굳히는 크림 치즈입니다. 밀도가 높고 크리미한 질감을 가지고 있어 크림의 농도를 잡을 때 도움이 됩니다.

트러플 페이스트 Pasta di Tartufo
깊은 숲과 신선한 땅의 향기가 난다는 세계 3대 진미 트러플은 강렬하고 중독적인 맛으로 유명합니다. 이탈리아는 프랑스와 함께 트러플의 주요 생산지입니다. 트러플은 가격도 비싸고 향도 금방 날아가기 때문에 보관이 용이하고 향이 응축된 트러플 페이스트를 이용하면 좋습니다.

올리브

파르미지아노
레지아노 치즈

발사믹 식초

토마토 페이스트

방울 토마토

리코타 치즈

토마토 소스

트러플 페이스트

마스카르포네 치즈

SPEZIE E OLI
향신료와 오일

펜넬 씨 Semi di Finocchio

펜넬 씨앗은 아니스, 감초와 같은 독특한 풍미를 가지고 있으면서도 달콤하고 상큼한 맛이 있습니다. 지중해 연안이 원산지이며 미나리과 식물인 회향의 열매입니다. 씨앗이라고 부르지만 작은 열매를 말린 것입니다. 이탈리아에서는 차로도 마시고 요리 재료로도 많이 사용합니다. 재료의 잡내를 잡거나 향을 돋우는 용도로 활용합니다.

오레가노 Origano

오레가노는 박하같이 화한 향이 있지만 좀 더 톡 쏘는 듯한 매콤한 향이 납니다. 그리스, 터키 요리에 많이 사용하며, 독특한 향과 맵고 쌉쌀한 맛이 토마토와 특히 잘 어울려 이탈리아 요리에서도 빼놓을 수 없는 향신료입니다.

파프리카 돌체 Paprika Dolce

파프리카 파우더는 파프리카를 말려 가루로 만든 것으로, 그중에서도 돌체는 맵지 않고 달콤하며 섬세한 과일 향, 후추 향을 가지고 있습니다. 헝가리인들이 터키인들로부터 사용법을 배워 유럽에 전해졌다고 합니다. 오스트리아, 인도, 스페인, 모로코 등에서도 인기 있는 재료입니다. 주로 요리나 짭짤한 핑거 푸드에 풍미를 더하기 위해 많이 씁니다.

타임 Timo

타임은 소나무 향, 깊은 숲속의 나무 향이 납니다. 유럽 지중해 지역, 북아프리카가 원산지이고 지금은 전 세계적으로 고루 재배되고 있습니다. 향이 강하고 독특해서 고기 요리, 수프, 소스 등에 두루 사용하여 잡내를 잡고 풍미를 더합니다. 짭짤한 빵과 핑거 푸드에 활용하기 좋습니다.

바질(오일) Basilico(Olio)

바질은 이탈리아 요리의 가장 기본 허브 중 하나입니다. 상큼하고 화한 향이 있지만 향이 강하지 않기 때문에 호불호가 크게 갈리지 않습니다. 따뜻하고 온화한 기후에서 잘 자라는데 리구리아주 제노바 지역 해안가인 프라Pra에서 재배한 바질을 최상품으로 칩니다. 유명한 바질 페스토 역시 이탈리아 제노바에서 유래했습니다. 샐러드나 피자 토핑으로는 생바질 잎을 주로 이용하지만 보관과 사용이 편한 바질 가루나 오일도 여러 제품에 두루 사용됩니다. 이 책에서는 바질 오일을 사용하는데, 시판 제품을 사용해도 좋지만 만들어 사용할 수도 있습니다. 올리브 오일을 60℃로 끓인 뒤, 기름 양의 10% 정도의 생바질 잎을 넣고 식힌 뒤 며칠 두어 향이 우러나면 완성입니다.

엑스트라 버진 올리브유 Olio Extravergine d'Oliva

진한 녹색의 싱그러운 풀 향기가 나는 엑스트라 버진 올리브유는 이탈리아 요리에서 빠질 수 없는 재료입니다. 올리브 열매의 씨앗을 제거한 후 열을 가하지 않고 저온에서 압착해 첫 번째로 얻은 신선한 기름을 '버진'이라고 하는데, 산도가 0.8% 미만인 기름을 특히 '엑스트라 버진'이라고 합니다. 과일 향, 풀 향이 나며 쓴맛이 없습니다. 발화점이 상대적으로 낮은 편이라 튀김용보다는 요리나 빵의 신선한 풍미를 돋우기 위해 사용합니다.

바질 오일

오레가노

펜넬 씨

파프리카 돌체

타임

엑스트라 버진
올리브유

마르살라 와인

리몬첼로

레드 와인

에스프레소

칼루아

CAFFÈ E LIQUORI
커피와 리큐르

마르살라 와인 Marsala

이탈리아에서 가장 유명한 주정 강화 와인입니다. 시칠리아의 항구도시 마르살라 주변 지역에서 생산됩니다. 장거리 운송 과정에서 와인이 변질되는 것을 막기 위해 소량의 브랜디를 추가한 것이 기원이라고 합니다. 일반 와인에 알코올이나 브랜디 원액을 첨가하여 당도와 알콜 도수를 높였습니다. 식전주 혹은 치즈나 디저트와 곁들여 디저트 와인으로 주로 마십니다. 칵테일 베이스나 요리의 풍미를 더하기 위한 재료로도 사용합니다.

리몬첼로 Limoncello

이탈리아 남부 지역에서 주로 생산되는 레몬 술입니다. 소렌토의 레몬은 향이 진하고 과즙이 풍부하며 껍질이 얇고 씨가 별로 없는 우수한 품종으로 유명합니다. 포도로 만든 이탈리아 술 그라파Grappa나 보드카에 얇게 벗긴 레몬 껍질을 넣어 담급니다. 28~32도 정도로 알코올 도수가 높은 술이며 입가심과 소화를 돕기 위한 식후주로 차갑게 많이 마십니다.

레드와인 Vino Rosso

붉은색 계열 포도로 제조되는 와인입니다. 이탈리아에서는 레드 와인용으로 300여 종의 포도 품종이 생산된다고 하는데, 키안티 와인 품종인 산지오베제, 장기숙성 와인에 사용되는 네비올로, 가벼운 와인에 사용되는 바르베라, 코르비나 등이 있습니다. 사진의 네로 다볼라Nero d'Avola는 시칠리아 지방의 토착 포도 품종인 네로 다볼라로 만든 와인입니다. 체리, 자두 등의 향이 풍부한 진한 루비색 와인으로 부드러운 풍미를 가지고 있습니다.

에스프레소 Espresso

곱게 갈아 압축한 원두커피 가루를 고온 고압의 물로 추출한 이탈리아 정통 커피입니다. 에스프레소는 이탈리아어로 '빠르다'라는 뜻인데, 높은 압력을 가해 단시간에 커피를 추출하기 때문에 카페인의 양이 적고 순수한 커피의 맛을 느낄 수 있습니다. 1900년대 초 이탈리아에서 에스프레소 기계가 발명되면서 마시기 시작했습니다. 이탈리아는 에스프레소 종주국답게 매일 많은 양의 에스프레소를 소비할 뿐만 아니라 다양한 디저트와 음료에 에스프레소를 사용합니다.

칼루아 Kahlúa

칼루아Kahlúa는 멕시코의 베라크루즈Veracruz 지역에서 생산되는 커피 리큐르입니다. 100% 아라비카 커피원두와 사탕수수로 만든 증류주에 캐러멜과 바닐라를 더해 특별한 풍미를 가집니다. 에스프레소가 발명된 이탈리아에는 티라미수와 같은 커피가 들어간 디저트와 다양한 커피 음료가 많은데 커피 리큐르를 더하면 그 맛과 향이 더욱 풍부해집니다.

STRUMENTI DI BASE
기본 도구

짤주머니와 깍지

강판

붓

그레이터

체

짤주머니와 깍지
Piping bags and Tips
반죽이나 크림을 틀에 맞추어 짜거
나 모양내서 짤 때 사용합니다.

강판 Grater
채소나 과일을 곱게 갈거나 즙을 낼
때 쓰는 도구입니다.

붓 Brush
달걀물이나 나파주 등을 바를 때 사
용합니다.

그레이터, 제스터 Grater, Zester
레몬, 오렌지 등 감귤류의 제스트를
만들거나 경성 치즈, 초콜릿, 넛메
그 등을 곱게 갈 때 씁니다.

체 Sieve
가루를 체 치는 도구입니다. 뭉친
가루를 풀어 입자를 균일하게 만들
고, 여러 종류의 가루가 고르게 섞
이도록 도와 줍니다. 마무리 장식용
으로 데코 스노우, 카카오 파우더
등을 곱게 뿌릴 때도 사용합니다.

실리콘 주걱 Silicone Spatula
재료를 섞거나 저을 때, 볼을 깨끗
하게 정리할 때 사용합니다.

거품기 Whisk
재료를 섞거나 섬세하게 휘핑할 때
사용하는 도구입니다.

스패튤러 Spatula
크림을 바를 때나 반죽을 균일하게
펼칠 때 씁니다.

칼 Knife
톱날이 있는 빵칼로는 빵이나 스펀
지 케이크와 같이 부서지기 쉬운 제
품을 자릅니다. 셰프 나이프는 큰
재료들을 손질하거나 반죽이나 제
품을 재단할 때 좋습니다. 작은 재
료를 자르거나 다듬을 때는 과도를
사용합니다.

스크레이퍼 Scraper
반죽을 깨끗하게 긁어 내거나 펼칠
때, 혹은 분할할 때 사용하는 도구
입니다. 플라스틱 재질의 경우 딱딱
한 제품, 탄력 있게 휘어지는 제품,
각진 제품, 끝부분이 둥근 제품 등
이 있어 용도에 맞게 사용하기 좋습
니다.

거품기

스패튤러

칼

실리콘 주걱

스크레이퍼

- 도구

오븐랙

오븐팬

실리콘
타공매트

타공팬

테프론시트

유산지

유산지 Parchment Paper
보통 일회용으로 사용하는 제품으로 종이에 화
학약품 처리를 했기 때문에 제품에 잘 붙지 않
으며 내냉·내열성이 있습니다. 오븐에 제품을
굽거나 위생적이고 깔끔한 작업을 할 때 사용합
니다. 제품 포장용으로 사용하기에도 좋습니다.

테프론시트 Teflon Sheet
유리 섬유에 테프론을 코팅하여 물, 기름에 잘
젖지 않고, 제품에 잘 들러붙지 않으며, 내냉·
내열성이 뛰어납니다. 오븐팬 등에 올려 제품을
굽거나 얼립니다. 유산지와 비교할 때 세척할
수 있어 재사용이 가능한 반영구적인 베이킹용
시트입니다.

실리콘 타공매트 Perforated Mat
테프론시트나 실리콘매트의 특성과 장점을 모
두 가지면서, 구멍이 촘촘히 뚫려 있는 제품입
니다. 열이 고르게 전달되기 때문에 제품 바닥
면이 고르고 바삭하게 구워집니다.

타공팬 Perforated Pan
오븐에서 꺼낸 제품을 식힐 때 주로 사용합니
다. 굽는 제품에 열이 잘 전달되도록 오븐팬 대
신 사용할 수도 있습니다.

오븐팬 Baking Pan
제품을 구울 때 사용하는 베이킹용 기본 오븐팬
입니다. 오븐 사이즈에 맞는 제품을 구해 베이
킹용 시트나 유산지를 올리고 사용합니다.

오븐랙 Cooling Rack
오븐에서 꺼낸 제품을 식힐 때 사용합니다. 굽
는 제품에 열이 잘 전달되도록 오븐팬 대신 사
용할 수도 있습니다. 글레이즈 하거나 튀긴 뒤
여분의 글라사주와 기름을 제거할 때도 유용합
니다. 격자 오븐랙 사이로 반죽을 통과시켜 크
럼블을 만들 수도 있습니다.

지름 2.5cm, 길이 14.5cm
논스틱 튜브(Sanneng SN42124)

사용한 제품: 리코타 칸놀리,
오렌지 꽃물 크림 칸논치니

지름 5.5cm, 높이 5.5cm
바바 오 럼 몰드(Matfer 345593)

사용한 제품: 시트러스 바바

지름 10cm 브리오슈 몰드
(Brioche Mould Exopan® Ø10cm)

사용한 제품: 무화과 플라워 타르트

지름 3.5cm 원형 커터

사용한 제품: 황소의 눈

지름 15cm, 높이 2cm
타공 타르트 링(Pavoni XF1520)

사용한 제품: 할머니의 케이크

지름 8cm, 높이 2cm
타공 타르트 링

사용한 제품:
바질 라즈베리 잼 타르트

지름 7cm, 주름 원형 커터

사용한 제품: 황소의 눈

지름 8cm, 높이 3.5cm 타공 타르트 링

사용한 제품: 오븐 티라미수

높이 4.5cm, 13×5.5cm 파운드 틀

사용한 제품: 피에몬테 플럼 케이크

지름 18cm, 높이 5cm 원형 타르트 링
(Sanneng SN3244)

사용한 제품: 풀리아 포카치아

지름 16 cm, 높이 5cm 사바랭몰드

사용한 제품: 얼그레이 레몬 링 케이크

PASTA FROLLA
파스타 프롤라

영어로 '쇼트크러스트shortcrust' 반죽은 유지를 넣은 바삭한 식감의 페이스트리를 만드는 반죽을 의미하는데 이탈리아
에서는 이 반죽을 파스타 프롤라pasta frolla라고 부릅니다. 쿠키나 타르트 셸을 만드는 기본 반죽이지요. 파스타pasta는
이탈리아어로 밀가루 반죽을 의미하고, 프롤라frolla는 '얇게 벗겨진다'라는 뜻입니다.

INGREDIENTI	분량 l 약 500g
버터	115g
달걀	45g
소금	1.5g
분당	60g
아몬드 파우더	30g
밀가루(T55)	250g

PRODOTTI ● 사용한 제품

무화과 플라워 타르트,
서양배 아몬드 케이크, 할머니의 케이크,
바질 라즈베리 잼 타르트,
발사믹 젤리를 곁들인 딸기 판나코타

PROCEDIMENTO

1 버터는 큐브 모양으로 잘라 냉동고에 넣어 차갑게 만든다.
2 볼에 달걀, 소금을 넣고 거품기로 섞는다.
3 믹서볼에 분당, 아몬드 파우더, 밀가루, 버터를 넣고 버터가 모래알처럼 작은 크기로 섞일 때까지 비터로 믹싱한다.
4 ②를 넣고 한 덩어리로 뭉쳐지면 바로 믹싱을 멈춘다.
5 반죽을 랩으로 싸서 냉장고에 넣고 2시간 이상 휴지시킨다.
TIP 냉장고에서 1주일, 냉동고에서 1달 보관 가능하다.

3-1

3-2

4

PASTA FROLLA AL CAFFÈ

커피 파스타 프롤라

파스타 프롤라 레시피는 다양한 응용이 가능합니다. 커피 파스타 프롤라는 기본 레시피에 분쇄한 원두를 첨가하여 색과 향을 더한 반죽으로 커피나 초콜릿 타르트의 셸로 잘 어울립니다. 이 밖의 여러 가지 재료를 넣어 원하는 반죽을 만들 수 있습니다.

INGREDIENTI 분량 | 약 500g

버터	115g
달걀	47g
소금	2g
분당	80g
분쇄 커피 원두	6g
헤이즐넛 파우더	23g
밀가루(T55)	225g

PRODOTTI • 사용한 제품

오븐 티라미수, 칼루아 잔두야 로셰

PROCEDIMENTO

1 버터는 큐브 모양으로 잘라 냉동고에 넣어 차갑게 만든다.
2 볼에 달걀, 소금을 넣고 거품기로 섞는다.
3 믹서볼에 분당, 커피, 헤이즐넛 파우더, 밀가루, 버터를 넣고 버터가 모래알처럼 작은 크기로 섞일 때까지 비터로 믹싱한다.
4 ②를 넣고 한 덩어리로 뭉쳐지면 바로 믹싱을 멈춘다.
5 반죽을 랩으로 싸서 냉장고에 넣고 2시간 이상 휴지시킨다.

CONSIGLI • 셰프의 팁

한국에서 다양한 이탈리아 밀가루를 구하기 어려워 주로 유사한 성격을 가진 프랑스 밀가루를 사용했습니다. 프랑스 밀가루 T55의 경우 중력분(다목적 밀가루)으로 대체할 수 있습니다.

3-1

3-2

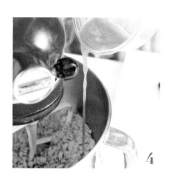

4

PAN BRIOCHE

브리오슈 반죽

버터와 달걀을 듬뿍 넣고 이스트로 발효시키는 브리오슈 반죽은 부드럽고 달콤한 빵과 디저트에 다양하게 응용할 수 있습니다. 프랑스에서 전해진 뒤, 이탈리아에서도 '판 브리오슈pan brioche'라는 이름으로 널리 사용되고 있습니다.

INGREDIENTI   분량 | 425g

* 묵은 반죽을 사용하는 경우 475g

밀가루A(T55)	100g
밀가루B(T65)	100g
달걀	65g
우유	65g
소금	4g
설탕	20g
꿀	10g
레몬 제스트	2g
오렌지 제스트	2g
생이스트	7g
묵은 반죽*(생략 가능)	50g
버터	50g

PROCEDIMENTO

1 믹서볼에 버터를 제외한 모든 재료를 넣고 훅으로 섞는다.
   반죽이 볼에 들러붙지 않고 글루텐이 적당히 잡힐 때까지
   저속 6분, 중속 6분 정도 믹싱한다.

2 저속으로 낮추어 실온 상태의 부드러운 버터를 두 번에 나누어 섞는다.
   첫 번째 버터를 넣고 섞은 뒤, 반죽이 볼에 들러붙지 않고 떨어질 때
   두 번째 버터를 넣는다(10분 정도 소요, 최종 온도 23℃).

3 믹서볼에서 반죽을 꺼내 둥글린 뒤 실온에서 30분 동안 휴지시킨다.

4 냉동고에 넣어 발효를 중단시킨다
   (급속냉동고 영하 30℃ 이하 40분, 일반냉동고 1시간 이상).

5 냉장고로 옮겨 12~15시간 정도 숙성시킨다.

PRODOTTI • 사용한 제품

마리토초, 베네치아나,
돌체 포카치아

CONSIGLI • 셰프의 팁

* 묵은 반죽: 전에 사용하고 남은 반죽을 보관해 두었다가 새로운 반죽을 만들 때 첨가하면 더 좋은 풍미를 얻을 수 있습니다. 묵은 반죽이 없다면 생략할 수 있습니다.

1

2

3

PASTA SFOGLIA RAPIDA
속성 퍼프 페이스트리 반죽

퍼프 페이스트리 반죽을 만들 때는 보통 밀가루 반죽 사이에 버터를 넣고 밀어 펴기와 접기를 반복해서 수많은 얇은 층을 만듭니다. 그러나 여기 소개하는 속성법은 처음부터 밀가루와 버터를 함께 섞어 반죽한 뒤, 반죽만 밀어 펴기와 접기를 반복하는 방식이기 때문에 비교적 간단하게 반죽을 완성할 수 있습니다.

INGREDIENTI 분량 | 1,110g

충전용 드라이 버터	375g
(페이스트리 버터)	
우유	225g
소금	10g
밀가루A(T45)	350g
밀가루B(T65)	150g

PRODOTTI ● 사용한 제품

미니 마르게리타 피자,
오렌지 꽃물 크림 칸논치니,
미니 소시지 롤

PROCEDIMENTO

1 버터를 2.5㎝ 큐브 모양으로 잘라 냉동고에 넣어 차갑게 만든다.
2 믹서볼에 우유와 소금을 넣고 섞는다.
3 ②에 밀가루와 버터를 넣고 비터를 이용하여 버터의 큐브 모양이 살아 있도록 한 덩어리로 섞는다.
4 반죽을 30×20㎝, 두께 3㎝ 크기의 직사각형으로 밀어 편다.
5 반죽을 랩으로 싸서 냉장고에 넣고 2시간 동안 휴지시킨다.
6 4절 접기를 2회 하고 냉장고에서 2시간 더 휴지시킨다.
7 4절 접기를 2회 더 반복한다.
TIP 4절 접기를 한 뒤 양옆 접힌 부분에 칼금을 넣으면 반듯한 직사각형으로 밀어 펴기 쉽다.

6-1

6-2

TIP

BISCOTTI SAVOIARDI
레이디 핑거 스펀지

달걀로 만드는 가벼운 스펀지 케이크 반죽으로 이탈리아에서는 사보이아르디 savoiardi 라고 부릅니다. 이름 그대로 손가락 길이로 파이핑해서 바삭한 쿠키로 굽기도 하고, 티라미수, 트라이플, 샤를로트와 같은 다른 디저트의 구성 재료로 사용하기도 합니다. 여기서는 용도에 맞게 다양한 사이즈로 커팅해서 사용할 수 있도록 오븐팬 한 장 사이즈로 굽는 방법을 소개합니다.

INGREDIENTI
분량 | 60×40㎝ 사이즈 오븐팬 1개

흰자	180g
소금	1g
설탕	150g
노른자	120g
밀가루(T55)	150g

PRODOTTI • 사용한 제품

오븐 티라미수, 칼루아 잔두야 로셰

PROCEDIMENTO

1 흰자는 실온 상태로 준비하고 밀가루는 체 쳐 둔다.

2 믹서볼에 흰자, 소금을 넣고 중속으로 휘핑하여 거품이 오르면 설탕을 몇 차례 나누어 넣으며 70% 정도 머랭을 올린다.

3 노른자를 한 번에 넣고 섞지 않은 채로 밀가루를 조금씩 넣으며 볼을 돌려 가면서 주걱으로 함께 섞는다.

4 오븐팬에 테프론시트를 올리고 반죽을 팬닝한 뒤 180℃로 예열한 오븐에서 8~10분 동안 굽는다.

5 오븐에서 꺼내자마자 테두리에 칼금을 낸 다음, 위에 유산지를 덮고 시트째로 오븐랙에 뒤집어 올린 뒤 바로 냉동한다.

TIP 1 노른자와 밀가루를 함께 섞어야 노른자의 지방 성분 때문에 머랭이 가라앉는 현상을 방지할 수 있다.

TIP 2 구운 뒤 바로 뒤집어 시트째로 냉동해야 수분이 보존되어 케이크 시트가 촉촉하다.

3-1

3-2

4

CREMA PASTICCERA RICCA
리치 페이스트리 크림

페이스트리 크림은 제과의 가장 기본이 되는 크림입니다. 이 레시피에서는 우유 양의 절반을 생크림으로 대체하여 더 깊고 부드러운 크림으로 완성했습니다. 이탈리아 페이스트리 크림에는 레몬 제스트가 첨가되어 산뜻한 향도 더해집니다.

INGREDIENTI — 분량 | 459g

UHT생크림	125g
우유	125g
레몬 제스트	2g
바닐라 빈	1/2개
노른자	112g
설탕	75g
옥수수 전분	20g

PRODOTTI ● 사용한 제품

마리토초, 크림 봄볼로니,
베네치아나

PROCEDIMENTO

1 소스팬에 생크림, 우유, 레몬 제스트, 바닐라 빈을 넣고 가열한다.
2 볼에 노른자와 설탕을 넣고 거품기로 섞은 뒤 옥수수 전분을 넣고 섞는다.
3 노른자 볼에 ①의 1/2을 넣고 섞은 뒤, 다시 ①에 넣고 끓여 페이스트리 크림을 만든다.
4 핸드블렌더로 곱게 간 뒤 식혀서 냉장한다.
TIP 크림은 냉동 보관이 가능하다.

3-1

3-2

4

CREMA FRANGIPANE
아몬드 크림

일반 제과에서 프랑지판 크림은 보통 아몬드 크림과 페이스트리 크림이 섞인 것을 말합니다. 하지만 이탈리아에서는 아몬드 가루를 넣어 만든 크림을 프란지파네 크림이라고 합니다. 이탈리아 남부에서 많이 사용하는 시트러스류 제스트를 넣어 산뜻함을 더했습니다.

INGREDIENTI	분량 I 약 500g
버터	128g
분당	128g
아몬드 파우더	128g
옥수수 전분	13g
레몬 제스트	5g
오렌지 제스트	5g
시나몬 파우더	1.5g
달걀	75g
다크 럼	16g

PRODOTTI • 사용한 제품

무화과 플라워 타르트, 서양배 아몬드 케이크, 바질 라즈베리 잼 타르트

RACCONTO •

16세기경, 마르키스 뮤지오 프란지파니(Marquis Muzio Frangipani)라는 이탈리아의 귀족이 아몬드향이 나는 장갑을 개발했는데, 이 향이 사교계에서 엄청난 인기를 끌었습니다. 그러자 한 셰프가 이 향을 디저트에 사용한 것이 아몬드 크림 탄생의 계기가 되었다고 합니다.

PROCEDIMENTO

1 달걀은 실온 상태, 버터는 18~20℃로 준비한다.
2 믹서볼에 버터, 분당, 아몬드 파우더, 옥수수 전분, 레몬 제스트, 오렌지 제스트, 시나몬 파우더를 넣고 비터로 잘 섞는다.
3 달걀을 조금씩 나누어 넣으며 섞는다.
4 다크 럼을 섞는다.
TIP1 냉장고에서 1주일, 냉동고에서 1달 정도 보관이 가능하다.

2

3

4

MOUSSE LEGGERA KAHLUA MASCARPONE
칼루아 마스카르포네 라이트 무스

마스카르포네 치즈에 앙글레즈 크림을 섞어 만든 무스입니다. 이탈리아 북부에서 유래한 마스카르포네 치즈는 입자가 조밀하고 풍부한 크림 향을 가지고 있어 무스에 부드러운 맛과 텍스처를 더하기 좋습니다. 커피 리큐르인 칼루아를 더해 이탈리아의 대표 디저트 티라미수와 초콜릿 디저트에 활용하기 좋습니다.

INGREDIENTI 분량 | 975g

UHT생크림	380g
노른자	70g
설탕	60g
젤라틴 매스	35g
└ 기본 레시피 34p 참조	
마스카르포네 치즈	360g
칼루아	70g

PRODOTTI • 사용한 제품

할머니 레시피 전통 티라미수,
칼루아 잔두야 로셰

PROCEDIMENTO

1 소스팬에 생크림을 넣고 가열한다.
2 볼에 노른자와 설탕을 넣고 섞는다.
3 노른자 볼에 ①의 1/2을 넣고 섞은 뒤, 다시 ①에 넣고 84℃로 가열하여 앙글레즈 크림을 만든다.
    주걱에 묻힌 뒤 손가락으로 긁었을 때 선명한 선이 남으면 적정한 농도로 완성된 것이다.
4 불에서 내려 젤라틴 매스, 마스카르포네 치즈를 차례로 섞은 뒤 60℃로 식으면 칼루아를 넣고 핸드블렌더로 유화시킨다.
5 냉장고에서 하룻밤 동안 숙성시킨다.
TIP 사용 전에 거품기로 휘핑하여 사용한다.

MARMELLATA DI MANDARINI
귤 마멀레이드

이탈리아 남부에는 품질 좋은 레몬, 오렌지가 많이 나기 때문에 디저트에 시트러스류를 많이 사용합니다. 푼토돌체에서도 시트러스류를 많이 활용하는데 여기서는 수제 마멀레이드 만드는 법을 소개합니다. 한국과 아시아의 품질 좋은 귤은 무척 매력적인 재료입니다.

INGREDIENTI   분량 l 510g

귤	350g
물	35g
설탕A	110g
펙틴NH	3g
설탕B	10g
구연산 파우더	1.5g

PRODOTTI • 사용한 제품

초콜릿 케이크, 시트러스 바바

PROCEDIMENTO

1 귤을 깨끗이 씻은 뒤 스틱으로 군데군데 구멍을 낸다.

2 찬물(분량 외)에 귤을 껍질째 넣고 과육이 부드러워질 때까지 45~60분 동안 끓인다.

3 식힌 뒤 귤을 건져내 윗부분과 아랫부분을 잘라 내고 체에 내려 즙을 거른다.

4 냄비에 물, 설탕A를 넣고 가열하여 115℃로 끓으면, 귤즙을 넣고 다시 112℃로 끓인다.

5 불에서 내려 걸러 둔 과육과 껍질을 넣고 핸드블렌더로 곱게 간다.

6 펙틴과 섞은 설탕B를 넣고 다시 약불로 가열하여 103℃로 끓인다.

7 불에서 내려 구연산 파우더를 섞은 뒤 식힌다.

3

4

5

GLASSA ROCHER
로셰 글레이즈

로셰 글레이즈는 녹인 초콜릿에 다진 견과류를 섞어 만듭니다. '로셰rocher'는 프랑스어로 '바위'라는뜻인데, 로셰 글레이즈로 제품을 코팅하면 제품 표면이 울퉁불퉁한 바위 같아 보인다고 해서 '로셰'라는 이름이 붙었습니다. 이 레시피에서는 헤이즐넛 페이스트를 추가해서 고소하고 풍부한 맛을 더했습니다.

INGREDIENTI · 분량 | 575g

아몬드 분태	100g
카카오 버터	75g
다크 초콜릿(60%)	175g
밀크 초콜릿(40%)	75g
헤이즐넛 페이스트	150g

PRODOTTI · 사용한 제품

피에몬테 플럼 케이크,
칼루아 잔두야 로셰

PROCEDIMENTO

1 150℃로 예열한 오븐에 아몬드 분태를 넣고 20~25분 동안 노릇하게 구운 뒤 완전히 식힌다.
2 전자레인지로 카카오 버터를 먼저 녹인 뒤, 다크 초콜릿, 밀크 초콜릿을 넣고 녹인다.
3 헤이즐넛 페이스트를 넣고 섞은 뒤 핸드블렌더로 곱게 간다.
4 아몬드 분태를 넣고 섞는다.
TIP 18℃에 두고 사용하거나 냉장 보관한다.

2

3

4

MASSA DI GELATINA

젤라틴 매스

가루 젤라틴을 미리 물에 불려 굳혀 둔 것을 젤라틴 매스라고 합니다. 젤라틴 매스를 사용하면 항상 동일한 양의 물을 사용할 수 있어서 정확한 계량이 가능하고, 매번 물에 불릴 필요가 없어 매우 편리합니다.

INGREDIENTI	분량 l 700g
젤라틴 파우더	100g
물	600g

PRODOTTI ● 사용한 제품

칼루아 마스카르포네 라이트 무스,
바질 라즈베리 잼 타르트,
발사믹 젤리를 곁들인 딸기 판나코타,
칼루아 잔두야 로셰, 마리토초,
크림 봄볼로니, 오렌지 꽃물 크림 칸논치니

PROCEDIMENTO

1 젤라틴에 물을 넣고 잘 흡수시킨 뒤 섞는다.
2 전자레인지로 녹인 뒤 체에 걸러 컨테이너에 담는다.
3 냉장고에 넣고 굳힌 뒤 큐브 모양으로 자른다.
TIP 냉장고에 최대 1주일 동안 보관 가능하다.

1

2

3

GLASSA NEUTRA
나파주

나파주는 디저트나 토핑에 바르는 광택제로, 제품을 먹음직스러워 보이게 만들 뿐만 아니라, 표면이 마르지 않도록 보호하는 역할을 합니다. 푼토돌체에서는 섬세한 향과 맛을 더해 직접 만든 수제 나파주를 사용합니다. 제품의 완성도를 한껏 높일 수 있는 수제 나파주 만드는 법을 소개합니다.

INGREDIENTI   분량 l 750g

설탕	200g
펙틴NH	20g
물	500g
오렌지 제스트	5g
민트 잎	5g
바닐라 빈	1개
레몬즙	20g

PRODOTTI • 사용한 제품

황소의 눈, 무화과 플라워 타르트, 서양배 아몬드 케이크, 바질 라즈베리 잼 타르트, 초콜릿 케이크, 시트러스 바바, 발사믹 젤리를 곁들인 딸기 판나코타

PROCEDIMENTO

1 설탕과 펙틴NH를 섞는다.
2 냄비에 물, 오렌지 제스트, 민트 잎, 바닐라 빈을 넣고 가열하여 40℃로 데운다.
3 ①을 넣고 잘 섞은 뒤 가열하여 30초 동안 끓이고 불에서 내린다.
4 레몬즙을 섞고 핸드블렌더로 곱게 갈아 체에 거른다.
TIP 냉장고에서 1주일, 냉동고에서 1달 동안 보관이 가능하다.

GLASSA ALL'UOVO
달걀물

달걀물은 제품에 구움색과 윤기를 더하고, 제품이 마르지 않도록 보호하는 역할을 합니다. 전란 대신 노른자를 사용하고, 물이나 우유 대신 생크림을 사용하면 더욱 먹음직스러운 색과 광택을 얻을 수 있습니다.

INGREDIENTI   분량 | 200g

노른자	100g
UHT 생크림	100g

PROCEDIMENTO

1 노른자와 생크림을 잘 섞는다.
TIP 냉장고에 3일 정도 보관 가능하다.

PRODOTTI ● 사용한 제품

파르미지아노 프롤리니, 마리토초, 베네치아나,
돌체 포카치아, 미니 마르게리타 피자,
오렌지 꽃물 크림 칸논치니,
토마토 펜넬 그리시니, 미니 소시지 롤

GLASSA ALL'UOVO CROSTATA
타르트용 달걀물

타르트 셸에 바르는 달걀물에는 기본 달걀물보다 더 많은 양의 노른자를 추가했습니다. 노른자를 더하면 더욱 먹음직스러운 구움색이 날 뿐만 아니라, 노른자의 지방 성분이 타르트 셸을 습기로부터 보호합니다.

INGREDIENTI   분량 | 240g

노른자	180g
UHT 생크림	60g

PROCEDIMENTO

1 노른자와 생크림을 잘 섞는다.
TIP 냉장고에 3일 정도 보관 가능하다.

PRODOTTI ● 사용한 제품

할머니의 케이크,
바질 라즈베리 잼 타르트, 오븐 티라미수

BAGNA AL CAFFÈ
에스프레소 시럽

시럽은 물과 설탕의 비율, 끓이는 정도에 따라 농도를 다양하게 조절해 사용합니다. 에스프레소 시럽은 티라미수의 필수 재료로 여러 디저트에 활용할 수 있습니다.

INGREDIENTI　　분량 l 370g

에스프레소	320g
설탕	50g

PROCEDIMENTO

1 에스프레소를 추출한 후 설탕을 넣어 녹인다.
TIP 냉장고에 보관한다.

PRODOTTI • 사용한 제품

오븐 티라미수, 할머니 레시피 전통 티라미수, 칼루아 잔두야 로셰

POLVERE DI VANILLA
바닐라 파우더

바닐라 빈의 씨를 긁어낸 후 남은 깍지로 만드는 바닐라 파우더는 디저트에 더 깊은 향을 내거나 마무리 장식을 할 때 쓰입니다.

INGREDIENTI

바닐라 빈 깍지

PROCEDIMENTO

1 사용한 바닐라 빈 깍지를 잘 씻은 뒤 키친타월로 물기를 제거한다.
2 90℃로 예열한 오븐에서 3시간 동안 건조시킨다.
3 완전히 식힌 뒤 커피 그라인더나 푸드프로세서로 곱게 간다.

PRODOTTI • 사용한 제품

아몬드 크럼블 쿠키, 고양이 혓바닥, 카스타뇰레, 마리토초, 베네치아나, 돌체 포카치아

모던 이탈리아 디저트
사용 설명서

———

· 제품 이름은 한글과 이탈리아어를 함께 적었습니다. 티라미수, 칸놀리와 같이 많이 알려진 제품을 제외하고는 잼 타르트 *crostata confettura*, 황소의 눈 *occhi di bue*과 같이 독자가 알기 쉽도록 익숙한 이름을 붙였고 좀 더 알길 원하는 독자를 위해 이탈리아어 이름을 병기했습니다. 이탈리아어 발음은 제품 설명 글에서 확인할 수 있습니다.

· 이 책은 이탈리아 전통 디저트의 맛을 현대 제과 기술로 구현한 책입니다. 책에 반복적으로 사용하는 이탈리아의 기본 제과 용어는 기본 레시피에 제목으로 소개했고(예: 스윗 페이스트리 반죽 → 파스타 프롤라 *pasta frolla*), 페이스트리 크림, 앙글레즈 크림과 같이 보편적으로 사용하는 제과 용어는 영어나 프랑스어 용어로 표기했습니다.

• 한국에서 이탈리아 현지 식자재를 모두 구하기는 어렵기 때문에 최대한 한국에서 구할 수 있는 재료를 사용하고 대체품을 소개했습니다. 책에 소개한 레시피와 재료는 실제로 푼토돌체 매장에서 사용하는 것입니다. 예를 들어 한국에서는 용도에 맞는 다양한 이탈리아 밀가루를 구하기 어렵기 때문에, 많은 경우 유사한 성격을 가진 유럽의 프랑스 밀가루를 사용했습니다. 프랑스 밀가루 T55의 경우 한국의 중력분(다목적 밀가루)으로 대체할 수 있습니다.

• 자주 사용하는 반죽과 재료는 책 앞부분 기본 레시피 편에 모아 두었습니다. 또 각 공정 앞에 '미리 준비하기'를 따로 표시해 두었으니 기본 레시피 페이지를 참고해 필요한 반죽과 재료를 분량대로 미리 준비해 주세요.

• 특정 브랜드의 몰드, 용기를 사용하는 경우 사이즈, 브랜드, 모델명을 표기했습니다(예: 아몬드 크럼블 쿠키 몰드 → 지름 5㎝, 높이 1.4㎝ 원형 실리콘 몰드, 모델명: Silikomart SF044). 온·오프라인 매장에서 쉽게 구할 수 있는 일반적인 제품이나 개인 소장 제품은 따로 브랜드와 모델명을 표기하지 않았습니다. 몰드와 용기는 예시적인 것이므로 몰드와 제품의 용량을 참고해서 다양한 방법으로 레시피를 활용해 주세요.

• 발효 시간과 휴지 시간이 긴 제품들은(예: 기본 레시피의 브리오슈 반죽 → 12~15시간 저온 발효) 미리 시간과 공정을 확인하고 준비해 주세요.

BISCOTTI

비스코티

선반 위의 쿠키통 Biscotti da Credenza

이탈리아 사람들만큼 주방 선반 위의 쿠키통을 사랑하는 사람들이 있을까요? 이탈리아 가정을 방문해 보면 어느 집에서나 선반 위에 놓인 쿠키통을 쉽게 찾아볼 수 있습니다. 매일 아침 카푸치노와 함께 먹거나 오후 스낵으로 즐길 다양한 비스코티를 주방 선반 위에 보관해 두기 때문이지요. 그래서 '선반 위의 쿠키'라는 뜻의 '비스코티 다 크레덴차biscotti da credenza'는 말이 있습니다. 이는 자주 꺼내 먹을 수 있도록 가까운 곳에 두는 쿠키를 의미합니다.

다양하고 맛있는 이탈리아 비스코티의 세계. 여기 소개해 드리는 이탈리아 비스코티들로 여러분만의 맛있는 '비스코티 다 크레덴차'를 만들어 보세요. 원래 비스코티biscotti는 '두 번 굽는다'라는 뜻으로 두 번 굽는 쿠키를 의미합니다. 그런데 비스코티는 이탈리아에서 워낙 즐겨 먹는 쿠키의 대명사이다 보니 쿠키류를 지칭하는 일반 명사로도 사용됩니다.

칸투치니
CANTUCCINI

칸투치니는 아몬드가 들어간 토스카나 지방의 비스코티입니다.
비스코티biscotti는 '두 번bis 굽는다cotti'는 뜻으로, 반죽을 통째로 한 번 구운 후
슬라이스 해서 한 번 더 굽는 방식에서 나온 이름입니다. 로마시대에 군인들이 빵을
오래도록 먹기 위해서 사용한 방법이라니 그만큼 역사가 오래된 제품입니다. 토스카나 지방에 가면
어느 제과점에서나 수제 칸투치니를 볼 수 있는데, 멋부리지 않은 투박한 모양새에 담긴 고소한 맛이
일품입니다. 토스카나 지방의 달콤한 빈 산토Vin Santo 와인이나 에스프레소에 적셔 먹으면
더욱 맛이 좋습니다.

분량
20개

난이도
하

판매 기한
실온 2주

⑥ ⑦

⑧ ⑩

INGREDIENTI

칸투치니 반죽

버터	40g
밀가루(T55)	130g
베이킹 파우더	1.5g
설탕	40g
황설탕	40g
레몬 제스트	5g
시나몬 파우더	2g
달걀	50g
소금	2g
통아몬드	115g

PROCEDIMENTO

1 버터는 미리 실온에 꺼내 두어 부드럽게 만든다(버터 온도 18~20℃).
2 밀가루, 베이킹 파우더는 함께 체 쳐 둔다.
3 믹서볼에 버터, 설탕, 황설탕, 레몬 제스트, 시나몬 파우더를 넣고 크림 상태가 될 때까지 비터로 믹싱한다.
4 볼에 달걀의 1/2과 소금을 넣고 손거품기로 섞은 뒤 ③에 넣고 섞는다.
5 ②의 1/2을 넣고 섞은 뒤, 남은 달걀과 남은 가루를 순서대로 마저 섞는다.
6 통아몬드를 넣고 섞이자마자 바로 믹싱을 멈춘다.
7 반죽을 랩으로 싸서 냉장고에 넣고 2시간 이상 휴지시킨다.
8 휴지시킨 반죽을 소량의 덧가루를 뿌려 가며 40㎝ 길이의 원통형으로 성형한다.
9 실리콘 타공매트를 깐 오븐랙 위에 올린 다음 170℃ 컨벡션 오븐에 넣고 20분 동안 굽는다.
10 10분 정도 식힌 뒤 따뜻한 상태일 때 빵칼을 이용하여 두께 2.5㎝로 슬라이스 한다.
11 오븐랙 위에 실리콘 타공매트를 깔고 ⑩을 다시 올린다.
12 150℃로 예열한 오븐에 넣은 뒤 환풍구를 열고 8분 동안 굽는다.
13 완전히 식으면 밀폐 용기에 넣어 실온 보관한다.

CONSIGLI

셰프의 팁

1 바삭한 식감으로 완성하려면
  • 재료가 섞이자마자 믹싱을 멈춰 오버 믹싱하지 않도록 주의합니다.
  • 반죽을 냉장고에서 2시간 이상 휴지시켜 글루텐이 충분히 이완되도록 합니다.
2 오븐에 처음 구운 반죽은 굳으면 부서지기 쉬우니 따뜻할 때 빵칼로 슬라이스 해야 합니다.
3 좀 더 특색있는 제품을 만들기 위해 시나몬 파우더 대신 아니스 씨를 사용해도 좋습니다.

무화과 호두 토체티

TOZZETTI FICHI E NOCI

토체티는 이탈리아 중부에 위치한 라치오와 움브리아 지역에서 흔히 볼 수 있는 비스코티입니다.
토체티라는 이름은 이탈리아어로 '두툼한', '덩어리가 들어 있는'이란 뜻의 '토초tozzo'라는
단어에서 유래했습니다. 외관상 칸투치니와 매우 비슷하지만 라치오와 움브리아가
헤이즐넛의 주요 산지이기 때문에 아몬드 대신 헤이즐넛을 넣는 것이 전통입니다.
그러나 헤이즐넛 대신 호두, 잣, 초콜릿 등을 넣기도 합니다.

분량
20개

난이도
하

판매 기한
실온 2주

⑥ ⑦
⑩ ⑫

INGREDIENTI

·

토체티 반죽

버터	40g
반건조 무화과	50g
호두	60g
밀가루(T55)	130g
베이킹 파우더	1.5g
설탕	40g
황설탕	40g
시나몬 파우더	1g
달걀	50g
소금	1g
터비나도 설탕*	적당량

PROCEDIMENTO

·

1   버터는 미리 실온에 꺼내 두어 부드럽게 만든다(버터 온도 18~20℃).

2   무화과는 반으로 자르고 호두는 굵게 다진다.

3   밀가루와 베이킹 파우더는 함께 체 쳐 둔다.

4   믹서볼에 버터, 설탕, 황설탕, 시나몬 파우더를 넣고 비터를 이용하여 크림 상태가 될 때까지 믹싱한다.

5   볼에 달걀의 1/2과 소금을 넣고 손거품기로 섞은 뒤 ④에 넣고 섞는다.

6   ③의 1/2을 섞은 뒤, 남은 달걀과 남은 가루를 순서대로 마저 섞는다.

7   무화과와 호두를 넣고 섞이자마자 바로 믹싱을 멈춘다.

8   반죽을 랩으로 싸서 냉장고에 넣고 2시간 이상 휴지시킨다.

9   휴지시킨 반죽을 소량의 덧가루를 뿌려 가며 40㎝ 길이의 원통형으로 성형한다.

10   터비나도 설탕에 굴린 뒤 실리콘 타공매트를 깐 오븐랙 위에 올린 다음, 170℃ 컨벡션 오븐에 넣고 20분 동안 굽는다.

11   10분 정도 식힌 뒤 따뜻한 상태일 때 빵칼을 이용하여 두께 2.5㎝로 슬라이스 한다.

12   오븐랙 위에 실리콘 타공매트를 깔고 ⑪을 다시 올린다.

13   150℃로 예열한 오븐에 넣은 뒤 환풍구를 열고 8분 동안 굽는다.

14   완전히 식으면 밀폐 용기에 넣어 실온 보관한다.

CONSIGLI

·

셰프의 팁

1   바삭한 식감으로 완성하려면
- 재료가 섞이자마자 믹싱을 멈춰 오버 믹싱하지 않도록 주의합니다.
- 반죽을 냉장고에서 2시간 이상 휴지시켜 글루텐이 충분히 이완되도록 합니다.

2   오븐에 처음 구운 반죽은 굳으면 부서지기 쉬우니 따뜻할 때 빵칼로 슬라이스 해야 합니다.

*   터비나도 설탕: 원당을 부분적으로 정제한 설탕으로 입자가 조금 거친 과립 형태의 설탕입니다.

소프트 아마레티

AMARETTI MORBIDI

아마레티는 아몬드, 달걀 흰자, 설탕 등을 넣어 만드는 글루텐 프리 쿠키입니다.
옛날에는 아몬드 대신 쓴맛이 나는 살구 씨앗을 사용했는데, 아마레티란 '맛이 쓰다'는 뜻의
'아마로amaro'에서 유래했습니다. 아마레티에는 바삭한 '아마레티 세키secchi'와 부드러운
'아마레티 모르비디morbidi'가 있는데, 여기 소개하는 제품은 부드러운 아마레티입니다.
겉은 바삭하고 속은 마지팬처럼 고소하고 부드러운 매력을 가지고 있습니다. 주방 선반에
항상 보관해 놓을 만큼 손이 간다는 아마레티, 오후 티타임에 빠질 수 없는 쿠키입니다.

분량
10개

난이도
하

판매 기한
실온 2주

INGREDIENTI

•

아마레티 반죽

아몬드 파우더	295g
설탕	95g
분당	95g
베이킹 소다	2g
레몬 제스트	5g
캔디드 오렌지 필	50g
흰자	75g
오렌지 블로섬 워터	5g
분당	적당량
통조림 아마레나 체리	5개

PROCEDIMENTO

•

1 푸드프로세서에 아몬드 파우더, 설탕, 분당, 베이킹 소다, 레몬 제스트, 오렌지 필을 넣고 2분 동안 곱게 간다.

2 믹서볼에 ①, 흰자, 오렌지 블로섬 워터를 넣고 비터로 믹싱하여 손에 들러붙지 않는 부드러운 반죽을 만든다.

3 반죽을 60g씩 분할하여 둥글린 뒤 분당 위에 굴려 표면에 충분히 묻힌다.

4 실리콘매트 위에 올린 다음 윗면을 살짝 누른다.

5 실온에서 2시간 동안 건조시킨다.

6 크랙이 생기도록 다시 윗면을 누른 뒤 1시간 더 건조시킨다.

7 윗면 가운데 반으로 자른 아마레나 체리를 올리고 살짝 누른다.

8 오븐랙 위에 실리콘매트째 올린 다음 190℃로 예열한 오븐에 8분 동안 굽는다.

9 완전히 식으면 밀폐 용기에 넣어 실온 보관한다.

CONSIGLI

•

셰프의 팁

1 푸드프로세서로 재료를 갈 때는 한 번에 오래 갈면 견과류에서 유지가 분리되어 나오므로 짧게 여러 번 끊어서 갑니다.

2 흰자는 한 번에 다 섞지 말고 소량을 남겨 두어 마지막에 반죽의 되기를 조절할 때 사용합니다. 반죽이 너무 질면 둥글리기 할 때 손에 들러붙으므로 주의합니다.

3 반죽이 진 경우 손에 물을 살짝 묻힌 뒤 둥글리기 합니다.

파르미지아노 프롤리니

FROLLINI AL PARMIGGIANO

프롤리니frollini는 파스타 프롤라pasta frolla로 만드는 바삭한 쇼트 브레드 쿠키입니다. 프롤리니는
여러 재료를 이용해 만들 수 있는데 이번에는 유명한 이탈리아 치즈인 파르미지아노 레지아노를 넣은
짭짤한 버전을 소개해 드립니다. 아페리티보aperitivo* 시간에 인기 있는 스낵 중 하나로 화창한 날
스파클링 와인인 프로세코Prosecco와 함께 즐겨 보세요.

분량
50개

난이도
하

판매 기한
실온 2주

* RACCONTO. 아페리티보(Aperitivo)

아페리티보는 저녁 식사 전 식욕을 돋우기 위해 식전주 한 잔과 스낵을 곁들이는 이탈리아 문화입니다. 이탈리아는
유난히 해가 길기 때문에 저녁 식사 시간도 제법 늦은 편입니다. 그래서인지 직장인들이 퇴근길에 바에 들러 시원한
음료 한 잔과 한입 크기의 스낵인 핑거 푸드를 먹는 장면을 많이 볼 수 있습니다.

③   ⑥

⑨   ⑩

미리 준비하기

달걀물 → 기본레시피 36p 참조

INGREDIENTI

•

쿠키 반죽

버터	185g
밀가루(T55)	250g
파르미지아노 레지아노 치즈	100g
파프리카 파우더 돌체	4g
말린 타임	2.5g
황설탕	20g
노른자	10g
소금	3g
우유	40g
달걀물	적당량
깨 믹스(참깨와 검은깨 1:1)	**적당량**

PROCEDIMENTO

•

1 버터는 미리 실온에 꺼내 부드럽게 만든다(버터 온도 18~20℃).

2 밀가루는 체 쳐 둔다.

3 파르미지아노 레지아노 치즈는 그레이터에 갈아 파프리카 파우더, 타임과 섞는다.

4 믹서볼에 버터, 황설탕을 넣고 비터로 믹싱한 뒤 ③을 넣고 섞는다.

5 노른자, 소금, 우유를 섞은 뒤 반죽에 넣고 믹싱한다.

6 밀가루를 넣고 잘 섞는다.

7 반죽은 랩으로 싸서 냉장고에 넣고 2시간 이상 휴지시킨다.

8 휴지시킨 반죽은 두께 0.8cm로 밀어 편다.

9 윗면에 붓으로 달걀물을 바르고 깨 믹스를 뿌린 다음 손으로 지그시 누른다.

10 8×1cm 크기의 직사각형으로 자른 뒤 냉장고에 넣고 2시간 더 휴지시킨다.

11 실리콘 타공매트를 깐 오븐랙 위에 휴지시킨 반죽을 올린 뒤 170℃로 예열한 오븐에 환풍구를 열고 15~18분 동안 굽는다.

12 완전히 식으면 밀폐 용기에 넣어 실온 보관한다.

CONSIGLI

•

셰프의 팁

1 반죽은 오버 믹싱하지 않도록 주의하고 반드시 충분히 휴지시킵니다.

2 깊은 풍미를 위해 품질이 좋은 파르미지아노 레지아노 치즈를 사용합니다.

못생겼지만 맛있어

BRUTTI MA BUONI

'못생겼지만 맛있어'라는 재미있는 이름을 가진 브루티 마 부오니. 오븐에서 머랭의 힘으로 부푸는
모양이 제각각이라 볼품없지만, 겉은 바삭하고 속은 촉촉한 고소한 맛의 쿠키입니다. 이탈리아 북부의
피에몬테 주, 롬바르디아 주에서 유래했고 오래전부터 사보이아Savoia 왕가의 엘레나 여왕Regina Elena,
작곡가 주세페 베르디Giuseppe Verdi 등 유명 인사들의 사랑을 받았다고 전해집니다.
에스프레소나 스파클링 와인인 프로세코Prosecco와 잘 어울립니다.

분량
80개

난이도
하

판매 기한
실온 2주

②　③

④　⑥

INGREDIENTI

머랭 쿠키 반죽

통헤이즐넛	260g
흰자	70g
인스턴트 블랙 커피	5g
분당	260g

PROCEDIMENTO

1 헤이즐넛은 150℃로 예열한 오븐에 25분 동안 구운 뒤 따뜻한 상태로 준비한다.

2 볼에 흰자, 커피, 분당을 넣고 잘 섞은 뒤 중탕으로 60℃까지 가열한다.

3 믹서볼에 ②와 따뜻한 헤이즐넛을 넣고 되직해질 때까지 비터를 이용해 중속으로 믹싱한다.

4 완성된 반죽은 테프론시트를 깐 팬에 올려 놓고 스크레이퍼를 이용해 두께 2㎝의 정사각형 모양을 만든다.

5 팬째로 2시간 동안 냉동한다.

6 냉동한 반죽을 꺼내 2×2㎝ 큐브 모양으로 자른다.

7 실리콘매트를 깐 오븐랙에 팬닝한 뒤 170℃로 예열한 오븐에 7분 동안 굽는다.

8 완전히 식으면 밀폐 용기에 넣어 실온 보관한다.

CONSIGLI

셰프의 팁

1 쿠키 겉면은 바삭하지만 중심부는 부드러워야 하므로 너무 오래 굽지 않도록 주의합니다.

헤이즐넛 카카오 쿠키

FETTINE NOCCIOLE E CACAO

페티네fettine는 이탈리아어로 '슬라이스'란 뜻입니다. 이름 그대로 얇게 슬라이스 한 쇼트크러스트 쿠키인데, 초콜릿 헤이즐넛 페티네는 그중 가장 맛있고 인기 있는 제품입니다. 부드럽게 부서지는 식감에 카카오와 통헤이즐넛이 어우러져 맛도 좋고 자른 단면도 예쁩니다. 다양한 모양과 사이즈로 재단하여 쿠키 세트의 포인트로 사용하기도 좋습니다. 에스프레소와도 잘 어울리고, 우유나 카푸치노에 적셔 먹어도 좋습니다.

분량
25개

난이도
하

판매 기한
실온 2주

⑤ ⑦

⑨ ⑩

INGREDIENTI

●

쿠키 반죽

버터	168g
밀가루(T55)	200g
카카오 파우더	17g
분당	70g
달걀	30g
소금	1g
통헤이즐넛	84g

PROCEDIMENTO

●

1 버터는 미리 실온에 꺼내 두어 부드러운 상태로 만든다(버터 온도 18~20℃).

2 밀가루, 카카오 파우더는 함께 체 쳐 둔다.

3 믹서볼에 버터, 분당을 넣고 비터를 이용해 크림 상태가 될 때까지 믹싱한다.

4 달걀에 소금을 넣고 잘 섞은 뒤 ③에 조금씩 나누어 넣으며 섞는다.

5 함께 체 친 ②의 가루류를 섞는다.

6 통헤이즐넛을 넣고 섞이자마자 바로 믹싱을 멈춘다.

7 반죽을 너비 7cm, 두께 3cm 정도의 직사각형으로 밀어 편다.

8 반죽을 랩으로 싸서 냉장고에 넣고 2시간 이상 휴지시킨다.

9 휴지시킨 반죽은 두께 0.5cm로 슬라이스 한다.

10 실리콘 타공매트를 깐 오븐랙 위에 올린 뒤 160℃로 예열한 오븐에서
환풍구를 열고 18분 동안 굽는다.

11 완전히 식혀서 밀폐 용기에 넣어 실온 보관한다.

CONSIGLI

●

셰프의 팁

1 반죽은 슬라이스 하기 전에 냉장고에서 충분히 휴지시킵니다.

2 슬라이스 한 반죽은 냉동해 두었다가 필요할 때마다 구우면 편리합니다.

3 헤이즐넛 대신 피스타치오나 껍질이 있는 아몬드를 사용해도 좋습니다.

황소의 눈

OCCHI DI BUE

로마의 제과점에 가면 부모님을 따라온 어린 아이들이 가장 먼저 고르는 쿠키가 있습니다. 바로 쿠키 사이에 잼이나 초콜릿을 넣은 쿠키인 '오키 디 부에'입니다. 한쪽 면에만 구멍이 뚫려 구멍 사이로 보이는 필링이 마치 반짝거리는 '황소의 눈' 같다고 해서 오키 디 부에 Occhi Di Bue 라는 이름이 붙었습니다. 어린이들에게 사랑받는 쿠키지만, 어른들도 즐겨 먹는 인기 제품입니다.

분량
12개

난이도
하

판매 기한
[잼 샌드 전 쿠키]
실온 2주
[잼 샌드 후 완제품]
실온 3일

⑤　⑧

⑪　⑫

⑯　⑰

미리 준비하기

나파주 — 기본레시피 35p 참조

INGREDIENTI

사블레 반죽

버터	125g
밀가루(T55)	200g
베이킹 파우더	1.2g
설탕	60g
머스코바도 설탕	20g
시나몬 파우더	1.5g
레몬 제스트	2g
달걀	25g
노른자	15g
소금	1.5g
헤이즐넛 파우더	60g
초콜릿 전사지	적당량

마무리

카카오 버터	적당량
살구잼	적당량
나파주	적당량

PROCEDIMENTO

1 버터는 미리 실온에 꺼내 두어 부드러운 상태로 만든다(버터 온도 18~20℃).

2 밀가루, 베이킹 파우더는 함께 체 쳐 둔다.

3 믹서볼에 버터, 설탕, 머스코바도 설탕, 시나몬 파우더, 레몬 제스트를 넣고 비터를 이용하여 크림 상태가 될 때까지 믹싱한다.

4 달걀, 노른자에 소금을 섞은 뒤 반죽에 조금씩 나누어 넣으며 섞는다.

5 헤이즐넛 파우더를 섞은 뒤 ②를 섞는다.

6 반죽을 랩으로 싸서 냉장고에 넣고 2시간 이상 휴지시킨다.

7 휴지시킨 반죽은 0.5cm 두께로 밀어 편 뒤 반으로 나누고 한 쪽은 잠시 냉장고에서 휴지시킨다.

8 반으로 나눈 반죽의 윗면에 초콜릿 전사지를 올린다. 전사지가 반죽에 밀착되도록 스크레이퍼로 윗면을 쓸어준 뒤 히팅 건으로 가볍게 열을 가한다.

9 영하 30℃ 급속 냉동고에 넣어 15~20분 동안 굳힌다.

10 냉장 휴지시킨 나머지 반죽은 지름 7cm 주름 원형 커터로 잘라 냉장고에 넣고 휴지시킨다.

11 냉동고에 넣은 반죽이 단단하게 굳으면 패턴이 반죽에 잘 묻어나도록 전사지를 조심스럽게 분리한다.

12 전사지를 제거한 위쪽 반죽은 지름 7cm 주름 원형 커터로 자른 뒤 지름 3.5cm 원형 커터를 이용해 가운데 구멍을 낸다.

13 1시간 동안 냉장고에 넣고 휴지시킨다.

14 실리콘 타공매트를 깐 오븐랙에 잘라 낸 반죽을 일정한 간격을 두고 팬닝한다. 전사지 패턴이 있는 것은 패턴이 위쪽을 향하도록 한다.

15 155℃로 예열한 오븐에 넣고 15분 동안 구운 뒤 식힌다.

16 잼을 샌드할 쿠키 안쪽 면에 녹인 카카오 버터를 붓으로 바른 뒤 굳힌다.

17 짤주머니에 살구잼을 담아 쿠키 아랫면에 짠다.

18 광택이 나도록 잼 위에 나파주를 바른다(나파주는 생략 가능).

19 윗면을 덮은 뒤 밀폐 용기에 보관한다.

CONSIGLI

셰프의 팁

1 구운 쿠키는 밀폐 용기에 보관하고 필요할 때마다 잼을 샌드해 사용합니다.

2 살구잼은 기호에 따라 다양한 잼과 초콜릿 스프레드로 대체할 수 있습니다.

3 전사지는 선택사항으로 생략해도 무방합니다.

아몬드 크럼블 쿠키

SBRISOLINI

스브리솔리니는 작은 부스러기 입자가 보슬보슬 살아 있는 크럼블 쿠키입니다. 스브리솔리니라는 이름은
부스러기를 뜻하는 이탈리아 북부의 사투리 '스브리솔라레 sbrisolare'에서 왔습니다. 북부 만토바 지역의
가난한 사람들이 값싼 라드에 폴렌타*를 섞어 만들어 먹은 것이 기원이라고 합니다. 이후에 설탕, 달걀,
버터, 아몬드와 같은 좋은 재료들을 추가해 오늘날과 같이 풍부한 맛의 쿠키로 발전했습니다.
보통 크게 구운 뒤 먹기 좋은 사이즈로 잘라서 내 놓는데, 여기서는 한입에 먹기 좋은 크기로 만듭니다.
식후에 커피나 그라파 Grappa*, 스위트 와인과 함께하기 좋습니다.

분량
30개

난이도
하

판매 기한
실온 2주

* 폴렌타(polenta): 말린 옥수수 가루입니다.
* 그라파(Grappa): 그라파는 포도를 압착한 뒤 남은 부산물을 증류해서 만든 브랜디로 알콜 도수가 높은 술입니다(35~60도).
  이탈리아에서는 식후주로 많이 마십니다.

미리 준비하기

바닐라 파우더 ― 기본레시피 37p 참조

INGREDIENTI

·

지름 5cm, 높이 1.4cm 원형 실리콘
몰드 ― 모델명: Silikomart SF044

쿠키 반죽

버터	125g
아몬드 파우더	130g
베이킹 파우더	5g
밀가루(T55)	135g
폴렌타	95g
설탕	115g
소금	2g
바닐라 파우더	2g
레몬 제스트	10g
노른자	35g
껍질이 있는 통아몬드	60개

PROCEDIMENTO

·

1 버터는 큐브 모양으로 잘라 냉동고에 넣어 차갑게 만든다.
2 아몬드 파우더와 베이킹 파우더는 함께 섞는다.
3 믹서볼에 버터, 체 친 밀가루, 폴렌타를 넣고 버터가 모래알만한 크기로
   섞일 때까지 비터로 믹싱한다.
4 설탕, 소금, 바닐라 파우더, 레몬 제스트, ②를 넣고 섞는다.
5 노른자를 넣고 보슬보슬한 크럼블 상태가 될 때까지 믹싱한다.
6 반죽을 랩으로 싸서 냉장고에 넣고 2시간 동안 휴지시킨다.
7 원형 실리콘 몰드(지름 5cm, 높이 1.4cm)에 스푼으로 20g씩 팬닝한다.
   크럼블을 너무 세게 누르지 않도록 주의한다. ― 모델명: Silikomart SF044
8 개당 통아몬드를 2개씩 올린다.
9 냉장고에 넣고 1시간 동안 휴지시킨다.
10 145℃로 예열한 오븐에 넣고 20분 동안 구운 뒤, 온도를 120℃로 낮추어
   환풍구를 열고 30분 더 굽는다.
11 완전히 식으면 밀폐 용기에 보관한다.

CONSIGLI

·

셰프의 팁

1 크럼블 반죽은 바로 사용하지 않을 경우 냉동 보관합니다.
2 쿠키는 신선도를 유지하기 위해 밀폐 용기에 담아 보관합니다.
3 바닐라 파우더는 소량의 바닐라 익스트랙트로 대체 가능합니다.

피스타치오 크레미노

CREMINI AL PISTACCHIO

피스타치오 크레미노는 풍부한 버터 향의 사블레 브르통 쿠키 위에 크리미한 피스타치오 초콜릿을
올린 쿠키입니다. 크레미노cremino는 이탈리아어로 '부드러운, 크리미한'이란 뜻을 가진 단어로
이탈리아의 유명한 헤이즐넛 초콜릿 이름이기도 합니다. 헤이즐넛 대신 이탈리아 브론테 지방의
최고급 피스타치오 페이스트를 넣어 크리미한 초콜릿을 만들고 버터 향 가득한 사블레로
바삭한 식감을 더했습니다. 카페나 집에서 손쉽게 만들 수 있는 고급스러운 모던 크레미노 쿠키로
기분 좋은 에너지를 더해 보세요.

분량
15개

난이도
중

판매 기한
[밀봉 쿠키포장]
실온 2주

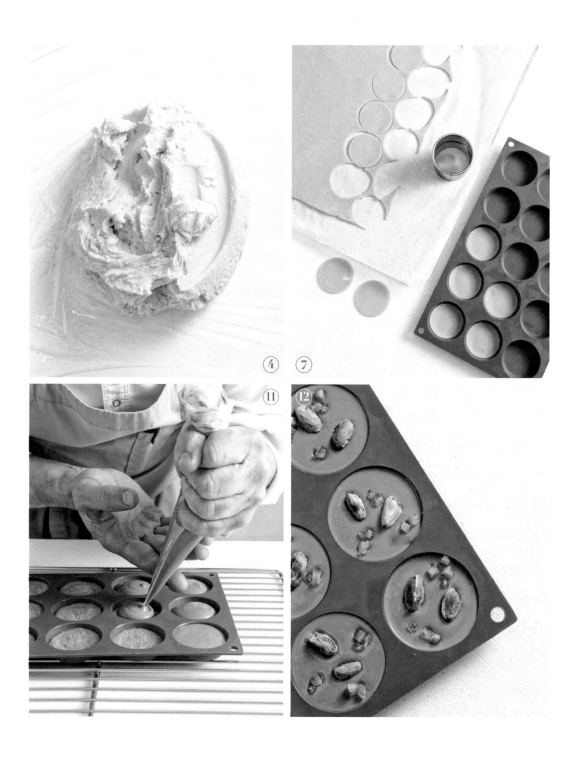

④ ⑦

⑪ ⑫

INGREDIENTI

지름 5㎝, 높이 1.4㎝ 원형 실리콘
몰드─ 모델명: Silikomart SF044

사블레 브르통

버터	165g
밀가루(T55)	225g
베이킹 파우더	7.5g
노른자	80g
설탕	165g
소금	2.5g

크리미 피스타치오

화이트 초콜릿	100g
피스타치오 페이스트	50g

마무리

캔디드 오렌지 필	적당량
그린 피스타치오	적당량

PROCEDIMENTO

사블레 브르통

1 버터는 실온에 두어 부드러운 상태로 만든다(버터 온도 18~20℃).
2 밀가루, 베이킹 파우더는 함께 체 쳐 둔다.
3 볼에 노른자, 설탕, 소금을 넣고 손거품기로 뽀얗게 될 때까지 2분 동안
   부드럽게 섞는다.
4 버터를 넣고 섞은 뒤 체 친 가루를 넣고 한 덩어리로 만든다.
5 반죽을 랩으로 싸서 냉장고에 넣고 2시간 동안 휴지시킨다.
6 밀대를 이용해 반죽을 0.4㎝ 두께로 밀어 편다.
7 반죽을 지름 5㎝ 원형 커터로 잘라 지름 5㎝, 높이1.4㎝ 원형 실리콘 몰드에
   팬닝한 뒤 냉장고에서 1시간 동안 휴지시킨다. ─ 모델명: Silikomart
   SF044
8 오븐랙 위에 올려 160℃로 예열한 오븐에 15분 동안 구운 뒤 몰드째로
   식힌다.

크리미 피스타치오

9 전자레인지를 이용하여 화이트 초콜릿을 40℃로 녹인다.
10 피스타치오 페이스트를 넣고 섞은 뒤 얼음볼 위에서 24℃로 식힌다.

마무리

11 짤주머니에 크리미 피스타치오를 담아 사블레 위에 짠다.
12 작게 자른 오렌지 필과 그린 피스타치오로 장식한다.
13 18~20℃에서 크리미 피스타치오를 굳힌 뒤 몰드에서 분리한다.

CONSIGLI

셰프의 팁

1 사블레가 완전히 식지 않은 상태에서 크리미 피스타치오를 짜면
   초콜릿이 굳지 않을 수 있습니다.
2 크리미 피스타치오는 빨리 굳으므로 사블레 위에 짜기와 토핑을 소량씩 반복합니다.

와인 쿠키

CIAMBELLINE AL VINO

와인 쿠키는 와인으로 반죽한 바삭한 링 모양의 쿠키입니다. 이탈리아어로 '참벨리네ciambelline'는
작은 링 모양, '비노vino'는 와인을 의미합니다. 로마 지역에서 옛날부터 항해사, 군인들이
오랫동안 휴대하고 다니며 먹으려고 만든 것이 기원이라고 합니다. 와인이 들어갔다고 해서
'우브리아켈레(술고래)ubriachelle'라고도 불립니다. 보통 크리스마스에 가족들과 함께 모여 남은 와인으로
만들어 먹는 쿠키입니다. 단순해 보이지만 바삭함과 향이 매력적인 와인 쿠키를
로마 사람들처럼 레드 와인에 적셔서 먹어 보세요.

분량
30개

난이도
하

판매 기한
실온 2주

RACCONTO.
이 레시피는 오랜 친구인 프란체스카 셰프가 공유해주었습니다. 타르퀴니아에서 '벨르 헬레네(Belle Hélène)'라는 제과
점을 운영하고 있는데, 할머니 때부터 전해 내려오는 집안 레시피라고 합니다. 겨울 오후 가족들과 벽난로에 둘러 앉아
조곤조곤 이야기를 나누며 집어 먹던 추억이 있는 레시피라고 하네요.

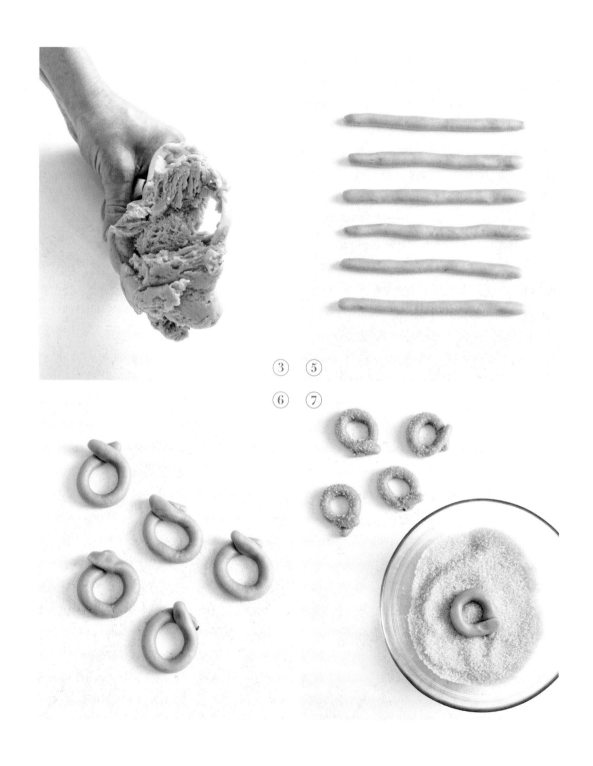

③ ⑤
⑥ ⑦

INGREDIENTI

•

쿠키 반죽

밀가루(T55)	250g
베이킹 파우더	4g
레드 와인(네로 다볼라)	65g
카놀라유	60g
설탕	100g
소금	1g
오렌지 제스트	2g
펜넬 씨	2g
터비나도 설탕*	적당량

PROCEDIMENTO

•

1 밀가루와 베이킹 파우더를 함께 체 쳐 둔다.

2 믹서볼에 와인, 카놀라유, 설탕, 소금, 오렌지 제스트, 펜넬 씨를 넣고 비터로 섞는다.

3 ①을 넣고 한 덩어리가 될 때까지 믹싱한다.

4 반죽을 랩으로 싸서 냉장고에 넣고 2시간 정도 휴지시킨다.

5 반죽을 15g씩 분할한 뒤 손바닥으로 밀어 15㎝ 길이로 늘인다.

6 양쪽 끝부분을 붙여 도넛 모양으로 성형한다.

7 성형한 반죽에 터비나도 설탕을 묻힌다.

8 실리콘 타공매트를 깐 오븐랙에 간격을 두고 올린 뒤 165℃로 예열한 오븐에서 환풍구를 열고 14분 동안 굽는다.

9 식혀서 밀폐 용기에 보관한다.

CONSIGLI

•

셰프의 팁

1 반죽용 와인은 숙성기간이 길지 않고 적당한 탄닌, 기분 좋은 산미가 있는 메를로(Merlot) 같은 와인을 사용합니다. 화이트 와인을 사용할 수도 있습니다.

* 터비나도 설탕: 원당을 부분적으로 정제한 설탕으로 입자가 조금 거친 과립 형태의 설탕입니다.

여인의 키스

BACI DI DAMA

바치 디 다마는 초콜릿을 샌드한 작은 사이즈의 헤이즐넛 쿠키입니다. 두 개의 동그란 쿠키가 붙은 모양이
여인의 입술을 닮았다고 해서 '여인의 키스'라는 뜻의 '바치 디 다마'라는 이름이 붙었습니다. 앞서 소개한
많은 쿠키들이 가난한 서민들의 쿠키라면 바치 디 다마는 왕을 위해 만들어진 쿠키입니다. 1800년대
이탈리아의 왕이었던 비토리오 에마누엘 2세Vittorio Emanuele II가 그동안 먹어 보지 못한 새로운 모양과
맛의 디저트를 만들라고 명령했는데, 이에 따라 궁중의 셰프가 고민 끝에 이 쿠키를 만들었다고 합니다.
한입에 먹기 좋은 사이즈라 진한 커피나 에스프레소에 한 개씩 곁들여 먹기 좋습니다.

분량
39개

난이도
하

판매 기한
[밀봉 쿠키포장]
실온 2주

INGREDIENTI

•

헤이즐넛 쿠키 반죽

버터	150g
밀가루(T55)	150g
설탕	150g
노른자	30g
아몬드 파우더	150g

마무리

딸기 초콜릿	적당량
(발로나 인스피레이션)	

PROCEDIMENTO

•

1 버터는 미리 실온에 꺼내 18~20℃로 준비하고 밀가루는 체 쳐 둔다.

2 믹서볼에 부드러운 버터, 설탕을 넣고 비터로 잘 섞는다.

3 노른자, 아몬드 파우더, 밀가루를 차례대로 섞는다.

4 반죽을 랩으로 싸서 냉장고에 넣고 2시간 동안 휴지시킨다.

5 반죽은 8g씩 분할하여 둥글린 뒤 실리콘 타공매트 위에 올리고 살짝 누른다.

6 팬닝한 반죽은 냉장고에 넣고 1시간 동안 휴지시킨다.

7 타공매트째 오븐랙 위에 올려 160℃로 예열한 오븐에서 환풍구를 열고
   18~20분 동안 굽고 식힌다.

8 전자레인지를 이용해 초콜릿을 38~40℃로 녹인 뒤 얼음볼 위에 올려
   31~32℃로 식힌다.

9 녹인 초콜릿의 농도가 되직해질 때까지 물(분량 외)을 조금씩 넣으며 섞는다.

10 쿠키는 한 쌍씩 짝을 맞춘 뒤 바닥의 평평한 면이 위로 오도록 뒤집어
    배열한다.

11 짤주머니에 초콜릿을 담아 쿠키 아랫면에 짜고 윗면을 덮어 샌드한다.

12 잘 굳힌 뒤 밀폐 용기에 보관한다.

CONSIGLI

•

셰프의 팁

1 녹인 초콜릿에 물을 약간 넣으면 농도를 되직하게 만들 수 있습니다.
   다량의 물이 들어가면 과도하게 굳기 때문에 소량씩 넣으며 농도를 맞춥니다.

2 초콜릿은 빨리 굳기 때문에 파이핑과 샌딩을 소량씩 반복합니다.

3 반죽은 8g씩 분할해도 되고, 반죽을 2.5㎝ 두께로 밀어편 뒤 2.5㎝ 원형 커터로 잘라
   둥글려도 좋습니다.

고양이 혓바닥

LINGUE DI GATTO

링구에 디 가토는 달걀 흰자로 반죽해 가벼운 식감을 가진 쿠키입니다. 길고 납작하게 만든 모양이 마치
고양이의 혓바닥과 닮았다고 해서 '링구에 디 가토 lingue di gatto'라는 이름이 붙었습니다. 이탈리아뿐만
아니라 유럽 전역에서 사랑받는 쿠키입니다. 먹기 좋은 모양과 바삭하고 가벼운 식감을 가지고 있어
묵직한 아이스크림이나 핫초콜릿과도 곁들이기 좋습니다.

분량
25개

난이도
하

판매 기한
실온 1주

③-1 ③-2

④ ⑤

INGREDIENTI

•

쿠키 반죽

버터	80g
밀가루(T55)	95g
소금	0.5g
바닐라 파우더	2g
분당	80g
흰자	50g
우박 설탕(혹은 스프링클)	**적당량**

PROCEDIMENTO

•

1 버터는 미리 실온에 꺼내 두어 부드러운 상태로 준비하고 밀가루는 체 쳐 둔다(버터 온도 18~20℃).

2 믹서볼에 버터, 소금, 바닐라 파우더, 분당을 넣고 크림 상태가 될 때까지 비터로 믹싱한다.

3 흰자를 천천히 넣으며 섞은 뒤 밀가루를 넣고 섞는다.

4 반죽을 지름 1.4㎝ 원형 깍지를 끼운 짤주머니에 담은 뒤 실리콘 타공매트 위에 8㎝ 길이로 조금 납작하게 짠다.

5 위에 우박 설탕을 뿌린 뒤 냉장고에 넣고 2시간 동안 휴지시킨다.

6 타공매트째 오븐랙 위에 올려 160℃로 예열한 오븐에 6분 동안 구운 뒤, 테두리에만 구움색이 날 때까지 4분 정도 더 굽는다.

7 식혀서 밀폐 용기에 보관한다.

CONSIGLI

•

셰프의 팁

1 적은 양으로 작업할 때는 모든 재료를 푸드프로세서에 넣고 3~5분 정도 섞어서 사용합니다.

PART . 02

TORTE E CROSTATE

케이크와 타르트

오후의 스낵 '메렌다Merenda'

'메렌다merenda'는 점심과 저녁 사이에 먹는 오후 스낵을 말하는데 이탈리아를 포함한 남부 유럽에서 흔히
즐기는 식문화입니다. 영국의 '애프터눈 티afternoon tea' 같은 것이지요.
특히 늦은 오후, 밖에서 신나게 뛰어 놀던 어린이들은 "메렌다가 준비되었다"라는 엄마의 부름에 집으로
한달음에 달려 들어가곤 하죠. 지역에 따라 특색 있는 메렌다가 준비되지만 역시 단골 손님은 구움 케이크와
타르트입니다. 메렌다로 먹는 케이크와 타르트는 길고 긴 오후에 어울리는 달콤한 쉼표라고나 할까요.
만들기도 쉽고 판매하기도 좋은 이탈리아 구움 케이크와 타르트로 특별한 메렌다를 즐겨 보세요.

무화과 플라워 타르트

CROSTATINA FIOR DI FICHI

이탈리아에서는 타르트를 '크로스타타crostata'라고 합니다. 크로스타타는 '바삭한 크러스트crust'라는 뜻인데, 바삭한 셸에 다양한 필링과 토핑을 더한 제품입니다. 이탈리아 가정에서 만드는 투박하고 큼지막한 사이즈의 크로스타타도 먹음직스럽지만, 여기서는 카페에서 판매하기 좋은 작은 사이즈의 크로스타티나crostatina를 소개합니다. 부드러운 아몬드 크림을 베이스로 한, 다양하게 응용하기 좋고 효율적으로 생산할 수 있는 맛있는 제품입니다.

분량
6개

난이도
중

판매 기한
[밤새 냉장 보관]
실온 3일
[장기 보관할 경우]
냉동 1개월

③-1 ③-2

⑦ ⑧-1

⑧-2 ⑫

미리 준비하기

파스타 프롤라 → 기본 레시피 24p 참조

아몬드 크림 → 기본 레시피 30p 참조

나파주 → 기본 레시피 35p 참조

INGREDIENTI

•

지름 10cm 브리오슈 몰드

→ 모델명: Brioche Mould Exopan®
Ø10cm

타르트 셸

파스타 프롤라	250g

무화과 플라워 타르트

아몬드 크림	300g
크림 치즈	36g
반건조 무화과	6개
버터	적당량
나파주	적당량
피스타치오	15g
말린 장미잎	10g

PROCEDIMENTO

•

타르트 셸

1   파스타 프롤라는 두께 3mm로 밀어 편다.

2   밀어 편 반죽을 지름 9cm 원형 커터로 자른다.

3   자른 반죽을 지름 10cm 브리오슈 몰드 안에 넣고 몰드 모양에 맞추어
      모양이 예쁘게 잡히도록 손가락으로 굴곡 부분을 꼼꼼히 누르며 셸을
      성형한다. → 모델명: Brioche Mould Exopan® Ø10cm

4   냉장고에 넣고 1시간 동안 휴지시킨다.

5   오븐랙에 올려 160℃로 예열한 오븐에서 환풍구를 열고 12분 동안 구운 뒤
      식힌다.

무화과 플라워 타르트

6   아몬드 크림은 지름 1.4cm 원형 깍지를 끼운 짤주머니에 담아 셸에 50g씩
      짠다.

7   부드럽게 푼 크림 치즈를 짤주머니에 담아 윗면 가운데에 동그랗게 짠다.

8   반건조 무화과는 가로로 반 가른 뒤 다시 반으로 잘라 윗면에 3개씩 올린다.

9   타르트 윗면에 녹인 버터를 바른다.

10 몰드를 다시 오븐랙 위에 올려 160℃로 예열한 오븐에서 15분 동안 굽는다.

11 식으면 윗면에 따뜻한 나파주를 바른다.

12 다진 피스타치오와 말린 장미잎으로 장식한다.

CONSIGLI

•

셰프의 팁

1   이 제품은 실온에서 판매합니다.

2   구워서 식힌 타르트는 냉동 보관해 두었다가 필요할 때 165℃로 예열한 오븐에 5분 동안
      구워 사용할 수 있습니다.

할머니의 케이크

TORTA DELLA NONNA

할머니의 케이크는 레몬 페이스트리 크림 위에 잣이 듬뿍 올라간 타르트입니다. 이름만 보면 마치
이탈리아 할머니들이 만든 전통 케이크 같지만, 실은 20세기 토스카나 지방의 페이스트리 셰프인
'귀도 사모리니Guido Samorini'가 개발한 타르트입니다. 셰프는 자신이 만든 제품들이 잘 팔리지 않자
고심 끝에 새로운 제품을 개발했습니다. 타르트 셸에 레몬 페이스트리 크림을 채운 뒤 손이 큰 할머니가
만든 것처럼 잣을 듬뿍 올려 할머니의 케이크라는 이름을 붙였습니다. 구하기 쉬운 재료로 간단하게
만들 수 있는 맛있는 제품이라 레시피가 곧 대중화되었지요. 탄생 후 100년이 지난 지금은
그 이름에 걸맞게 진정한 '할머니의 케이크'가 되었습니다.

분량
2개

난이도
중

판매 기한
[밤새 냉장 보관]
실온 2일
[장기 보관할 경우]
냉동 1개월

INGREDIENTI

•

지름 15cm, 높이 2cm 타공 타르트 링
→ 모델명: Pavoni XF1520

타르트 셸

파스타 프롤라	500g

레몬 페이스트리 크림

우유	120g
UHT생크림	155g
레몬 제스트	16g
바닐라 빈(마다가스카르)	1/2개
달걀	48g
흰자	16g
설탕	120g
옥수수 전분	21g
마스카르포네 치즈	155g

마무리

잣	120g
타르트용 달걀물	적당량
데코 스노우	적당량

CONSIGLI

•

셰프의 팁

1 셸만 초벌로 미리 구운 뒤
  필요할 때 사용할 수 있습니다.
2 보통 큰 사이즈로 구워서
  슬라이스 해 먹지만 작은
  사이즈로 만들어도 좋습니다.
3 다른 크기의 타르트 셸을
  사용하는 경우 레몬 페이스트리
  크림은 셸 높이까지 짭니다.

PROCEDIMENTO

•

타르트 셸

1 파스타 프롤라는 3mm 두께로 밀어 편다.
2 50×3cm 크기의 직사각형 띠 모양으로 2장, 지름 16cm 원형으로 2장 잘라
  실리콘 타공매트에 올려 냉동고에서 10분 동안 휴지시킨다.
3 띠 모양 반죽을 타공 타르트 링(지름 15cm, 높이 2cm) 안쪽에 맞추어 붙인
  뒤 윗부분을 링 높이에 맞추어 다듬고 냉동고에서 10분 동안 휴지시킨다.
  → 모델명: Pavoni XF1520
4 원형 반죽 위에 ③을 링째 올리고 살짝 눌러 바닥과 테두리를 연결한 뒤
  냉장고에 넣어 2시간 동안 휴지시키고 냉동고로 옮겨 10분 동안
  더 휴지시킨다.
5 타공매트째로 오븐랙 위에 올려 160℃로 예열한 오븐에서 20분 동안 굽고
  링째로 완전히 식힌다.

레몬 페이스트리 크림

6 냄비에 우유, 생크림, 레몬 제스트, 바닐라 빈을 넣고 가열하여 끓으면
  불에서 내려 20분 동안 향을 우린다.
7 볼에 달걀, 흰자, 설탕을 넣고 거품기로 섞은 뒤 옥수수 전분을 넣고
  잘 섞는다.
8 ⑥을 다시 뜨겁게 가열하여 ⑦과 잘 섞은 다음 다시 ⑥의 냄비에 넣고
  끓여서 페이스트리 크림을 만든다.
9 60℃로 식으면 마스카르포네 치즈를 섞는다.

마무리

10 잣을 150℃로 예열한 오븐에서 12분 동안 굽는다.
11 레몬 페이스트리 크림을 지름 1.4cm 원형 깍지를 끼운 짤주머니에 담아
  타르트 셸에 270g씩 짠다.
12 타르트 한 개당 잣을 60g씩 뿌려 표면을 덮는다. 타르트 윗면에 빈 공간이
  있는 경우 구운 잣(분량 외)을 추가로 올린다.
13 실리콘 타공매트를 깐 오븐랙 위에 올려 160℃로 예열한 오븐에서
  15분 동안 구운 뒤 조금 식으면 타르트 링을 분리한다.
14 타르트용 달걀물을 셸 테두리에 바르고 140℃로 예열한 오븐에 넣고
  5분 동안 구운 뒤 냉장고에 넣어 차갑게 식힌다.
15 데코 스노우를 뿌려 마무리한다.

바질 라즈베리 잼 타르트

CROSTATINA CONFETTURA DI LAMPONI E BASILICO

이탈리아에서 가장 흔히 볼 수 있는 잼 타르트입니다. 셸에 잼을 가득 채우고 길게 자른 반죽을
한 가닥 한 가닥 올려 체크 무늬 커버를 만든 것이 특징입니다. 전통적인 타르트의 모든 요소를 포함하면서도
좀 더 효율적이고 세련되게 만드는 방법을 소개합니다. 바질 향이 그윽한 작은 사이즈의
모던 크로스타티나 crostatina를 손쉽게 만들어 보세요.

분량
6개

난이도
중

판매 기한
[밤새 냉장 보관]
실온 2일
[잼 바르기 전 상태]
냉동 1개월

③ ⑤

⑥ ⑨

미리 준비하기

파스타 프롤라 → 기본 레시피 24p 참조
아몬드 크림 → 기본 레시피 30p 참조
젤라틴 매스 → 기본 레시피 34p 참조
타르트용 달걀물 → 기본 레시피 36p 참조
나파주 → 기본 레시피 35p 참조

INGREDIENTI

•

지름 8㎝, 높이 2㎝ 타공 타르트 링

타르트 셸

파스타 프롤라	약 500g

바질 아몬드 크림

바질 잎	8g
아몬드 크림	240g

PROCEDIMENTO

•

타르트 셸

1 파스타 프롤라는 두께 3mm로 밀어 편다.

2 밀어 편 반죽은 지름 8㎝ 원형으로 12장, 26×2.5cm 크기의 직사각형 띠 모양으로 6장 자른 뒤 냉동고에 넣고 10분 동안 휴지시킨다.

3 지름 8㎝의 원형 반죽 6장은 타르트용 그리드 커터로 체크 무늬를 낸 뒤 실리콘 타공매트에 올린다.

4 ③을 타공매트째 오븐랙 위에 올려 160℃로 예열한 오븐에서 환풍구를 열고 12분 동안 구운 뒤 식힌다.

5 직사각형 띠 모양 반죽을 먼저 꺼내 타공 타르트 링(지름 8㎝, 높이 2㎝) 안쪽에 맞추어 붙인 뒤 윗부분을 링 높이에 맞추어 다듬고 냉동고에 넣어 10분 동안 휴지시킨다.

6 남은 원형 반죽 6장 위에 ⑤를 링째 올리고 살짝 눌러 타르트 바닥과 테두리를 연결한 뒤 냉장고에 넣어 1시간 이상 휴지시킨다.

7 타공매트째 오븐랙 위에 올려 160℃로 예열한 오븐에서 환풍구를 연 채로 15분 동안 구운 뒤 타르트 링째로 식힌다.

바질 아몬드 크림

8 바질 잎은 곱게 다진다.

9 아몬드 크림과 다진 바질 잎을 잘 섞는다.

라즈베리 콩피튀르

냉동 홀라즈베리	80g
라즈베리 퓌레	80g
글루코스 시럽	35g
레몬 퓌레	5g
설탕	17g
펙틴NH	3g
젤라틴 매스	15g

마무리

냉동 라즈베리	적당량
타르트용 달걀물	적당량
바질 오일	적당량
나파주	적당량
데코 스노우	적당량

라즈베리 콩피튀르

10 설탕에 펙틴을 섞어 둔다.

11 소스팬에 ⑩을 제외한 모든 재료를 넣고 40℃까지 가열한다.

12 ⑩을 섞은 뒤 계속 가열하여 103℃까지 끓인다.

13 젤라틴 매스를 넣고 손거품기로 잘 섞는다.

마무리

14 바질 아몬드 크림을 짤주머니에 담아 셸에 35g씩 짜고 한 개당 냉동 라즈베리를 3개씩 올린다.

15 타르트 링째로 타공매트를 깐 오븐랙에 올려 160℃로 예열한 오븐에서 15분 동안 굽는다.

16 조금 식으면 타르트를 링에서 분리한다.

17 셸 테두리에 타르트용 달걀물을 바른 뒤 140℃로 예열한 오븐에서 5분 동안 굽는다.

18 오븐에서 꺼내자마자 바질 오일을 뿌린다.

19 완전히 식으면 라즈베리 콩피튀르를 짤주머니에 담아 위에 짜고 스패튤러로 평평하게 펼친다.

20 위에 붓으로 따뜻한 나파주를 얇게 바른다.

21 구워서 식힌 ④의 격자무늬 커버에 데코 스노우를 뿌린다.

22 타르트 위에 올려 완성한다.

CONSIGLI
•
셰프의 팁

1 바질 아몬드 크림을 짜고 구운 셸은 냉동 보관해 두었다가 필요할 때 165℃로 예열한 오븐에 5분 동안 구워 사용할 수 있습니다.

서양배 아몬드 케이크

TORTINO DI PERE E MANDORLE

이탈리아 구움 케이크의 양대 산맥은 '크로스타타'와 '토르타'라고 할 수 있습니다. 크로스타타는
바삭한 셸에 필링을 채운 타르트이고, 토르타Torta는 부드러운 구움 케이크입니다. 이 제품의 이름은
토르티노(작은 토르타)tortino지만 바닥에만 타르트 셸을 깔아 크로스타타와 토르타의 특성을 모두 살린
디저트입니다. 이탈리아는 유명한 서양배의 산지이기도 해서, '브루달루 타르트Tarte Bourdaloue*'에서
영감을 받은 서양배 토르티노를 만들어 보았습니다. 아삭한 한국 배와는 달리 익을수록 달고
부드러워지는 서양배로 만든 토르티노. 다크 초콜릿이 살짝 녹을 정도로만 데워 먹으면
고급스러운 맛이 일품입니다.

분량
6개

난이도
중

판매 기한
[밤새 냉장 보관]
실온 3일
[장기 보관할 경우]
냉동 1개월

* 부르달루 타르트(Tarte Bourdaloue): 아몬드 크림과 서양배를 넣고 구운 유명한 프랑스의 타르트입니다.
파리 부르달루 거리의 제과점에서 팔기 시작해서 부르달루 타르트라고 부릅니다.

미리 준비하기
파스타 프롤라 → 기본 레시피 24p 참조
아몬드 크림 → 기본 레시피 30p 참조
나파주 → 기본 레시피 35p 참조

INGREDIENTI

•

지름 10cm 원형 실리콘 몰드
→ 모델명: Pavoni FF4311

타르트 셸

파스타 프롤라	250g

서양배 아몬드 케이크

아몬드 크림	500g
다크 초콜릿(발로나 까라이브)	48g
서양배 통조림(1/2컷)	120g
아몬드 슬라이스	80g
나파주	적당량
데코 스노우	적당량

PROCEDIMENTO

•

타르트 셸

1 파스타 프롤라는 두께 3mm로 밀어 편 뒤 피케한다.

2 반죽을 지름 8.5cm 원형 커터로 잘라 실리콘 타공매트 위에 올린다.

3 타공매트째 오븐랙에 올려 150℃로 예열한 오븐에서 10분 동안 구운 뒤
완전히 식힌다.

서양배 아몬드 케이크

4 ③을 지름 10cm 원형 실리콘 몰드 바닥에 팬닝한다.
→ 모델명: Pavoni FF4311

5 아몬드 크림을 짤주머니에 담아 ④ 위에 80g씩 짠다.

6 한 개당 초콜릿 칩을 2개씩 올리고 살짝 누른 뒤 아몬드 슬라이스를
골고루 뿌린다.

7 1/2컷 서양배는 세로로 반을 자르고, 끝을 남겨 놓고 세 갈래로 잘라 펼친 뒤
위에 올린다.

8 붓으로 위에 녹인 버터(분량 외)를 바른다.

9 몰드째 오븐랙 위에 올려 160℃로 예열한 오븐에서 25분 동안 굽는다.

10 조금 식혀서 케이크를 몰드에서 분리한 뒤 서양배 테두리를 토치로 그을린다.

11 식으면 윗면에 붓으로 따뜻한 나파주를 바른다.

12 윗면 가운데를 지름 6.5cm 원형 덮개로 가리고 테두리에 데코 스노우를
뿌린다.

CONSIGLI

•

셰프의 팁

1 이 제품은 실온에서 판매합니다.

2 케이크는 구워서 식힌 뒤 냉동 보관해 두었다가 필요할 때 165℃로 예열한 오븐에 5분 동안
구운 뒤 사용할 수 있습니다.

초콜릿 케이크

TORTA CAPRESE

카프레제라는 이름에서 알 수 있듯이 카프리섬에서 시작된 것입니다. 1900년대 초 카프리 섬의
한 셰프가 관광객을 위해 케이크를 만들었는데 그만 밀가루 넣는 것을 잊어버렸다고 합니다.
그런데 막상 만들고 보니 너무 맛있는 케이크가 완성된 것이지요. 그래서 토르타 카프레제가
탄생되었습니다. 이 제품은 전통 토르타 카프레제를 새롭게 해석한 것입니다. 요즘은 글루텐 프리
제품뿐만이 아니라 유제품이 없는 데어리 프리 dairy free 제품을 찾는 손님들도 많기 때문에
버터 대신 해바라기씨유를 사용했습니다. 또한 다소 단조로울 수 있는 초콜릿 케이크에
귤 마멀레이드를 사용해 상큼함을 더했습니다.

분량
2개

난이도
하

판매 기한
[밤새 냉장 보관]
실온 3일
[장기 보관할 경우]
냉동 1개월

INGREDIENTI

•

[귤 마멀레이드 디스크]
지름 15㎝ 원형 실리콘 몰드
→ 모델명: Silikomart Kit Tarte
Ring Ø150㎜

[초콜릿 케이크]
지름 16㎝ 원형 실리콘 몰드
→ 모델명: Pavoflex PX061

귤 마멀레이드 디스크

귤 마멀레이드	120g

초콜릿 케이크

카카오 버터	21g
다크 초콜릿(60%)	187g
해바라기씨유	146g
오렌지 제스트	8g
설탕	166g
소금	2g
달걀	229g
아몬드 파우더	229g
베이킹 파우더	4g
럼	8g

마무리

데코 스노우	적당량
나파주	적당량
다크 초코진주 크런치	적당량

PROCEDIMENTO

•

귤 마멀레이드 디스크

1 귤 마멀레이드는 짤주머니에 담아 지름 15㎝ 원형 실리콘 몰드에 60g씩 팬닝한다. → 모델명: Silikomart Kit Tarte Ring Ø150㎜

2 영하 35℃ 급속 냉동고에 넣어 굳힌 뒤 영하 20℃ 일반 냉동고로 옮긴다.

초콜릿 케이크

3 카카오 버터를 먼저 녹인 뒤 다크 초콜릿을 넣고 녹인다.

4 ③에 해바라기씨유를 넣고 섞는다.

5 믹서볼에 오렌지 제스트, 설탕을 먼저 넣고 비터로 섞은 뒤 소금, 달걀을 넣고 믹싱한다.

6 ④의 초콜릿 혼합물을 ⑤에 넣고 섞는다.

7 아몬드 파우더와 베이킹 파우더를 미리 섞은 뒤 ⑥에 넣고 섞는다.

8 마지막으로 럼을 넣고 3분 동안 믹싱한다.

9 반죽을 지름 16㎝ 실리콘 몰드에 450g씩 팬닝한다.
→ 모델명: Pavoflex PX061

10 몰드를 오븐랙 위에 올려 170℃로 예열한 오븐에서 20분 동안 구운 뒤, 몰드 위에 실리콘 타공매트와 다른 오븐랙을 올리고 8~10분 동안 더 굽는다.

11 식으면 틀에서 분리하여 냉동고에 넣는다.

C 마무리

12 초콜릿 케이크 윗면 테두리에 데코 스노우를 뿌린다.

13 귤 마멀레이드 디스크를 몰드에서 분리한 뒤 위에 올린다.

14 디스크 윗면에 붓으로 따뜻한 나파주를 바른다.

15 초코진주로 장식한다.

CONSIGLI

•

셰프의 팁

1 초콜릿 케이크는 구워서 식힌 뒤 냉동 보관해 두었다가 165℃ 오븐에 5분 동안 구워 사용할 수 있습니다.

얼그레이 레몬 링 케이크

CIAMBELLONE EARL GREY E LIMONE

가운데에 구멍이 뚫린 커다란 링 모양의 케이크를 이탈리아에서는 '참벨로네'라고 합니다. 참벨로네는
'커다란 링ring'이라는 뜻인데, 이름처럼 커다란 링 모양 몰드에 케이크를 구운 뒤 슬라이스 해서
먹습니다. 갓 구운 케이크의 크러스트와 폭신폭신한 스펀지 케이크의 식감이 어우러지는 참벨로네는
티 케이크로 잘 어울립니다. 레시피가 비교적 간단하고 달콤한 맛이라 아침 식사로 먹기도 좋습니다.
산뜻한 레몬과 얼그레이 향의 참벨로네로 기분 좋은 티타임을 즐겨 보세요.

분량
2개

난이도
중

판매 기한
[밤새 냉장 보관]
실온 3일
[장기 보관할 경우]
냉동 1개월

INGREDIENTI

•

지름 16cm, 높이 5cm 사바랭 몰드

몰드 코팅

버터	100g
밀가루	30g

참벨로네

달걀	180g
밀가루(T55)	180g
베이킹 파우더	11g
설탕	175g
얼그레이 찻잎	6g
레몬 제스트	10g
버터	140g
엑스트라 버진 올리브유	35g
꿀	18g

레몬 아이싱

분당	250g
레몬즙	50g
물	25g

마무리

우박 설탕	적당량
얼그레이 찻잎	적당량

PROCEDIMENTO

•

몰드 코팅

1 몰드 코팅용 버터는 미리 실온에 꺼내 두어 부드럽게 만든 뒤 밀가루와 잘 섞는다.

2 붓으로 ①을 사바랭 몰드(지름 16cm, 높이 5cm)에 바른 뒤 냉장고에 차갑게 보관한다.

참벨로네

3 달걀은 미리 실온에 꺼내 둔다.

4 밀가루, 베이킹 파우더는 2번 체 쳐 둔다.

5 푸드프로세서에 설탕의 1/3, 얼그레이 찻잎, 레몬 제스트를 넣고 간다.

6 소스팬에 버터, 올리브유, 꿀을 넣고 불에 올려 버터를 녹이면서 40℃까지 가열한다.

7 믹서볼에 달걀, 남은 설탕을 넣고 거품기를 이용하여 중속으로 뽀얀 크림같은 상태가 될 때까지 휘핑한다.

8 거품기를 비터로 바꾼 뒤 저속으로 믹싱하며 ④, ⑤를 조금씩 나누어 넣고 섞는다.

9 ⑧의 반죽을 조금 덜어 ⑥과 초벌로 섞은 뒤, 다시 ⑧에 넣고 잘 섞는다.

10 코팅하여 냉장고에 넣어 둔 몰드를 꺼내 반죽을 350g씩 팬닝한다.

11 실온 상태의 부드러운 버터(분량 외)를 짤주머니에 담은 뒤, 윗면 링 모양을 따라 가운데에 한 줄 짠다.

12 몰드를 오븐랙 위에 올려 170℃로 예열한 오븐에서 22~25분 정도, 꼬치로 찔러 보아 반죽이 묻어나지 않을 때까지 굽는다.

13 5분 정도 식힌 뒤 틀에서 분리하고 완전히 식힌다.

레몬 아이싱

14 체 친 분당, 레몬즙과 물을 넣고 손거품기로 잘 섞는다.

마무리

15 완전히 식힌 참벨로네에 붓으로 레몬 아이싱을 바른다.

16 우박 설탕, 페퍼밀로 간 얼그레이 찻잎으로 장식한다.

17 90℃로 예열한 컨벡션 오븐에 5분 정도 넣어 표면에 광택이 나고 장식이 자리를 잡도록 한다.

CONSIGLI

•

셰프의 팁

1 반죽 자체는 다른 일반 케이크틀을 사용해 구워도 되는 반죽입니다. 물론, 참벨로네라는 이름은 사용할 수 없겠지만요.

2 참벨로네는 구워 식힌 뒤 냉동 보관해 두었다가 필요할 때 사용할 수 있습니다.

당근 호두 미니 링 케이크

CIAMBELLINE CAROTE E NOCI

미니 링 모양 케이크는 이탈리아에서 '작은 링ring'을 뜻하는 '참벨리네ciambelline'라고 합니다.
당근 호두 케이크를 이탈리아 스타일의 모던 참벨리네로 만들어 보았습니다. 버터 대신 해바라기씨유를
넣은 가벼운 당근 케이크는 그 자체로도 완제품으로 판매가 가능하지만, 여기에 둘세 호두 글레이즈를
더해 선물하기 좋은 사랑스러운 모양으로 완성했습니다.

분량
6개

난이도
중

판매 기한
냉장 3일
냉동 1개월

INGREDIENTI

•

지름 6.5㎝, 높이 3.4㎝ 실리콘 루프
몰드 → 모델명: Pavoni PX4349

당근 칩

당근	2개
물	250g
설탕	125g

당근 호두 케이크

당근	100g
호두	25g
건살구	25g
밀가루(T55)	95g
베이킹 소다	3.5g
시나몬 파우더	0.6g
달걀	60g
설탕	95g
소금	1g
해바라기씨유	95g

둘세 호두 글레이즈

호두	120g
블론드 초콜릿(발로나 둘세)	500g
해바라기씨유	75g
땅콩 버터	30g

PROCEDIMENTO

•

당근 칩

1 껍질을 벗긴 당근은 슬라이서를 이용해 동그란 모양으로 자른다.

2 소스팬에 물, 설탕을 넣고 끓여서 시럽을 만든다.

3 끓는 시럽에 당근을 넣고 15분 정도 투명해질 때까지 익힌다.

4 시럽이 식으면 당근만 건져 테프론시트 위에 펼쳐 올린다.

5 실리콘매트째 오븐랙에 올려 90℃로 예열한 오븐에서 3시간 정도 건조시킨다.

6 식으면 밀폐 용기에 넣어 실온에 보관한다.

당근 호두 케이크

7 당근은 강판을 이용해 채로 썰고, 호두와 건살구는 칼로 굵게 다진다.

8 밀가루, 베이킹 소다, 시나몬 파우더는 함께 두 번 체 쳐 둔다.

9 믹서볼에 달걀, 설탕, 소금을 넣고 거품기로 뽀얗게 될 때까지 휘핑한다.

10 거품기를 저속으로 돌리며 해바라기씨유를 5~6번에 나누어 넣고 섞는다.

11 거품기를 비터로 바꾼 뒤 ⑧의 체 친 가루를 넣고 섞는다.

12 준비한 당근, 호두, 건살구를 넣고 1분 동안 잘 섞는다.

13 반죽은 짤주머니에 담아 실리콘 루프 몰드(지름 6.5㎝, 높이 3.4㎝)에 75g씩 팬닝한다. → 모델명: Pavoni PX4349

14 몰드를 오븐랙 위에 놓고 그 위에 테프론시트와 다른 오븐랙 한 장을 올린 뒤 160℃로 예열한 오븐에서 25분 동안 굽는다.

15 틀째로 냉동고에 넣어 식힌다.

둘세 호두 글레이즈

16 호두는 150℃로 예열한 오븐에서 20분 동안 색이 고루 나도록 구운 뒤 식혀 칼로 다진다.

17 초콜릿은 전자레인지를 이용하여 녹인다.

18 해바라기씨유, 땅콩 버터를 넣고 핸드블렌더로 곱게 간다.

19 다진 호두를 섞은 뒤 냉장고에 보관한다.

마무리

20 전자레인지를 이용하여 둘세 호두 글레이즈를 35℃로 데운다.

21 당근 호두 케이크를 꼬치를 이용하여 글레이즈에 담갔다 꺼내 코팅한다.

22 오븐랙에 올려 여분의 글레이즈를 제거한다.

23 당근 칩 3개를 올리고 글레이즈가 손에 묻어나지 않도록 굳힌다.

CONSIGLI

•

셰프의 팁

1 당근칩은 미리 만들어 밀폐용기에 담아 보관하면 효율적으로 사용할 수 있습니다.

2 당근 호두 케이크는 구운 뒤 식혀서 냉동 보관해 두었다가 필요할 때 글레이즈를 입혀 사용할 수 있습니다.

트러플 살라미 케이크

TORTINO TARTUFO E SALAME

핑거 푸드로 사용하기 좋은 미니 케이크를 소개합니다. 유럽에서는 달콤한 케이크뿐만이 아니라
짭짤한 케이크도 인기가 많은데, 기호에 맞는 재료를 넣고 작은 사이즈로 만들면 파티 푸드로
활용하기 좋습니다. 이탈리아인들이 사랑하는 트러플, 치즈, 살라미, 올리브가 들어간
토르티노(작은 크기의 토르타)tortino는 저녁 식사 전 아페리티보*에 식전주와도 잘 어울립니다.
다양한 재료를 활용해 나만의 핑거 푸드도 완성해 보세요.

분량
16개

난이도
하

판매 기한
[밀봉 비닐 포장]
실온 2일

RACCONTO. 아페리티보(Aperitivo)

아페리티보는 저녁 식사 전 식욕을 돋우기 위해 식전주 한 잔과 스낵을 곁들이는 이탈리아 문화입니다. 이탈리아는
유난히 해가 길기 때문에 저녁 식사 시간도 제법 늦은 편입니다. 그래서인지 직장인들이 퇴근길에 바에 들러 시원한
음료 한 잔과 한입 크기의 스낵인 핑거 푸드를 먹는 장면을 많이 볼 수 있습니다.

INGREDIENTI

•

8.6×4.6cm, 높이 1.5cm 피낭시에
몰드 → 모델명: Flexipan®
Origine FP1264

파르미지아노 레지아노 치즈	90g
호두	80g
살라미	112g(개당 7g)
그린 올리브	112g(개당 7g)
밀가루(T55)	165g
베이킹 파우더	10g
달걀	165g
소금	2g
황설탕	30g
엑스트라 버진 올리브유	100g
블랙 트러플 페이스트	35g
우유	100g
깨 믹스(참깨와 검은깨 1:1)	적당량

PROCEDIMENTO

•

1 파르미지아노 레지아노 치즈는 그레이터에 갈고 호두는 다진다.

2 살라미는 2×2cm 큐브 모양으로 자르고 올리브는 3등분한다.

3 밀가루, 베이킹 파우더는 함께 체 쳐 둔다.

4 믹서볼에 달걀, 소금, 황설탕을 넣고 뽀얀 사바이용 상태가 될 때까지
   거품기를 이용하여 중속으로 5분 동안 휘핑한다.

5 올리브유를 천천히 넣으면서 저속으로 섞는다.

6 거품기를 비터로 바꾼 뒤 트러플 페이스트와 치즈를 넣고 섞는다.

7 ③의 체 친 가루류를 4~5번에 나누어 넣으며 잘 섞는다.

8 우유와 호두를 차례로 넣고 섞는다.

9 반죽을 짤주머니에 담아 실리콘 피낭시에 몰드(8.6×4.6cm, 높이 1.5cm)에
   45g씩 팬닝한다. → 모델명: Flexipan® Origine FP1264

10 각각의 반죽에 살라미, 올리브를 3개씩 올리고 깨 믹스를 약간 뿌린다.

11 몰드를 오븐랙 위에 올려 170℃로 예열한 컨벡션 오븐에 넣고 16분 동안
    색이 고루 나도록 굽는다. 가운데를 꼬치로 찔러 보아 익었는지 확인한다.

12 조금 식으면 틀에서 분리하여 식힌다.

CONSIGLI

•

셰프의 팁

1 이 제품은 실온에서 판매합니다.

2 살라미는 판체타나 익힌 햄, 트러플 페이스트는 페스토 등으로 대체 가능합니다.

3 반죽은 냉장 보관해 두었다가 필요할 때 신선하게 구워 사용할 수 있습니다.

피에몬테 플럼 케이크

PLUM CAKE PIEMONTE

이탈리아에서는 위로 볼록하게 배부른 모양의 직사각형 파운드 케이크를 '플럼 케이크'라고 합니다.
보통 플럼 케이크라고 하면 자두plum와 같은 과일, 건과일이 듬뿍 들어간 영국식 케이크를 말하지만,
왜 그런지 이탈리아의 플럼 케이크에서는 플럼을 찾아보기 힘듭니다. 그래서 유명한 이탈리아 셰프
펠레그리노 아르투시Pellegrino Artusi는 플럼이 없는 이탈리아의 플럼 케이크를 '스윗 라이어(달콤한
거짓말쟁이)sweet liar'라고 불렀습니다. 이탈리아에서는 보통 레몬이나 요거트를 넣어 산뜻하고
부드러운 플럼 케이크를 만드는데, 여기서는 피에몬테 지방의 특산품인 헤이즐넛을 넣고
고급스러운 풍미의 플럼 케이크를 만들었습니다.

분량
3개

난이도
중

판매 기한
[밤새 냉장 보관]
실온 3일
[장기 보관할 경우]
냉동 1개월

미리 준비하기

로셰 글레이즈 → 기본레시피 33p 참조

INGREDIENTI

•

13×5.5cm, 높이 4.5cm 파운드 틀

플럼 케이크

밀가루(T55)	75g
통밀가루	33g
버터	57g
우유	37g
소금	1g
헤이즐넛 페이스트	30g
분당A	37g
달걀	110g
분당B	37g
베이킹 파우더	4g
다크 초코진주 크런치	30g
캔디드 오렌지 필	55g

마무리

로셰 글레이즈	적당량
캔디드 오렌지 필	적당량
헤이즐넛	적당량

PROCEDIMENTO

•

플럼 케이크

1 밀가루, 통밀가루는 함께 체 쳐 둔다.
2 소스팬에 버터, 우유, 소금, 헤이즐넛 페이스트를 넣고 가열하여 버터를 녹이며 잘 섞는다.
3 끓기 시작하면 ①을 넣고 주걱으로 섞는다.
4 반죽을 믹서볼로 옮긴 뒤 비터를 중속으로 돌려 60℃까지 식힌다.
5 분당A를 넣고 섞은 뒤, 차가운 달걀을 3번에 나누어 넣고 섞는다.
6 분당B와 베이킹 파우더를 함께 체 쳐 둔다.
7 반죽 온도가 40℃가 되면 ⑥을 넣고 믹싱한다.
8 초코진주, 오렌지 필을 넣고 섞는다.
9 반죽을 짤주머니에 담아 파운드 틀(13×5.5cm, 높이 4.5cm)에 150g씩 짠다.
10 실온 상태의 부드러운 버터(분량 외)를 짤주머니에 담은 뒤 윗면 가운데에 세로로 한 줄 짠다.
11 틀째로 냉장고에 넣어 30분 동안 휴지시킨다.
12 틀을 오븐랙 위에 올려 170℃로 예열한 오븐에서 20~22분 동안 굽는다.
13 케이크를 틀에서 분리하여 냉동한다.

마무리

14 로셰 글레이즈는 전자레인지를 이용하여 32~35℃로 데운다.
15 오븐랙 위에 ⑬의 파운드 케이크를 올리고 글레이즈를 고르게 씌운다.
16 여분의 글레이즈를 조심스럽게 털어 낸다.
17 굳기 시작하면 반으로 자른 헤이즐넛과 오렌지 필로 장식한다.

CONSIGLI

•

셰프의 팁

1 이 제품은 실온에서 판매합니다.
2 플럼 케이크는 구워서 식힌 뒤 냉동 보관해 두었다가 필요할 때 마무리해서 사용할 수 있습니다.

오븐 티라미수

TIRAMISÙ AL FORNO

오븐 티라미수는 티라미수를 타르트 버전으로 새롭게 해석한 것입니다. 커피 파스타 프롤라로 셸을
만들고 마스카르포네 치즈 크림을 채워 구운 뒤, 전통 티라미수의 구성 요소들로 마무리했습니다.
크림을 채워서 굽기 때문에 일반 티라미수에 비해 상대적으로 안전하게 상온 보관이 가능합니다.
냉장 쇼케이스가 없는 카페에서도 판매하기 좋은 새로운 오븐 티라미수를 만나 보세요.

분량
6개

난이도
상

판매 기한
[밤새 냉장 보관]
실온 2일

⑤ ⑧·1

⑧·2 ⑨

미리 준비하기

커피 파스타 프롤라 ─ 기본 레시피 25p 참조
레이디 핑거 스펀지 ─ 기본 레시피 28p 참조
에스프레소 시럽 ─ 기본 레시피 37p 참조
타르트용 달걀물 ─ 기본 레시피 36p 참조

INGREDIENTI

•

지름 8cm, 높이 3.5cm 타공 타르트 링

타르트 셸

커피 파스타 프롤라	500g

티라미수 크림

우유	100g
UHT생크림	145g
달걀	45g
흰자	15g
설탕	115g
옥수수 전분	20g
마스카르포네 치즈	145g
칼루아	15g

PROCEDIMENTO

•

타르트 셸

1 커피 파스타 프롤라는 두께 3mm로 밀어 편다.
2 반죽 일부는 26×4cm 크기의 직사각형 띠 모양으로 6장, 지름 8cm 원형으로 6장 잘라 냉동고에 넣고 10분 동안 휴지시킨다.
3 직사각형 띠 모양 반죽을 먼저 꺼내 타공 타르트 링(지름 8cm, 높이 2cm) 안쪽에 맞추어 붙인 뒤 윗부분을 링 높이에 맞추어 다듬고 냉동고에 넣어 10분 동안 휴지시킨다.
4 원형 반죽 6장 위에 ③을 링째 올리고 살짝 눌러 타르트 바닥과 테두리를 연결한 뒤 냉장고에 넣어 1시간 이상 휴지시킨다.
5 타공매트째 오븐랙에 올려 160℃로 예열한 오븐에 넣고 18분 동안 구운 뒤 링째로 식힌다.

티라미수 크림

6 소스팬에 우유와 생크림을 넣고 가열한다.
7 볼에 달걀, 흰자, 설탕을 넣고 손거품기로 섞은 뒤 옥수수 전분을 넣고 잘 섞는다.
8 ⑥이 끓으면 ⑦에 넣어 잘 섞고, 다시 소스팬으로 옮긴 뒤 끓여서 페이스트리 크림을 만든다.
9 크림이 60℃로 식으면 마스카르포네 치즈, 칼루아를 넣고 매끄럽게 잘 섞는다.

⑪ ⑬

⑮ ⑰

마무리

레이디 핑거 스펀지	6개
에스프레소 시럽	적당량
타르트용 달걀물	적당량
젖지 않는 카카오 파우더	적당량

마무리

10 레이디 핑거 스펀지는 지름 6.5㎝ 원형으로 6개 준비한다.

11 붓으로 스펀지 양면에 에스프레소 시럽을 바른 뒤 냉동고에 넣어 얼린다.

12 티라미수 크림은 짤주머니에 담아 셸에 45g씩 짠다.

13 ⑫에 냉동한 스펀지를 올리고 위에 크림을 45g 더 짠다.

14 링째로 타공매트를 깐 오븐랙 위에 올려 160℃로 예열한 오븐에서
17분 동안 굽는다.

15 조금 식으면 타르트를 링에서 분리한다.

16 타르트용 달걀물을 셸 테두리에 바르고 140℃ 오븐에 넣어 5분 동안
구운 뒤 완전히 식힌다.

17 필러로 윗면 테두리를 깔끔하게 정리한 뒤 윗면에 카카오 파우더를 뿌린다.

18 초콜릿 장식물(분량 외)로 장식한다.

CONSIGLI

•

셰프의 팁

1 오븐 티라미수는 실온 보관이 용이합니다.

2 셸만 미리 구워 두었다가 필요할 때 사용할 수 있습니다.

3 다른 틀을 사용할 경우 레이디 핑거의 사이즈와 크림의 분량을 조절합니다.

PART. 03

CLASSICI ITALIANI

이탈리아 클래식 디저트

이탈리아 클래식 Classici Italiani

세계적으로 유명한 티라미수, 판나코타, 칸놀리 등 이탈리아의 유명한 클래식 디저트를 담았습니다. 이탈리아 특산물로 만든 디저트 등도 소개합니다. 산 주세페(성 요셉)San Giuseppe의 날 먹는 제폴레, 카르네발레(카니발)Carnevale에 인기 있는 카스타뇰레와 키아키에레, 크리스마스에 즐겨 먹는 토로네, 토리노 피에몬테 지역의 특산물인 헤이즐넛으로 만든 로셰와 뉴 텔라 등입니다.

대표적인 클래식 디저트를 정리하며 카르네발레, 산 주세페의 날, 크리스마스와 같은 이탈리아의 중요한 명절과 축제의 의미도 다시 되짚어 보았습니다. 그 과정에서 2천 년의 시공간을 넘나드는 듯한 신기한 경험을 했습니다. 맛있기도 하지만 오랜 역사와 재미있는 이야기가 많이 담겨 있는 이탈리아 클래식 디저트를 만나 보세요.

시트러스 바바

BABÁ AGLI AGRUMI

바바는 발효 반죽을 구운 뒤 술을 섞은 시럽에 적셔 만든 디저트입니다. 18세기 중반 폴란드의 왕인 스타니슬라스 렉슈친스키 Stanislas Leszczynski 가 프랑스에 유배되었을 때 건조한 쿠글로프를 술에 적셔 먹은 게 기원이라고 합니다. 이름도 왕이 좋아하는 아라비안 나이트의 주인공 '알리 바바'에서 왔다고 하죠. 이후 바바는 폴란드, 프랑스를 거쳐 이탈리아 남부 나폴리 지방에 뿌리를 내리게 되었습니다. 여기 소개하는 시트러스 바바는 럼 대신 이탈리아의 레몬 리큐르인 리몬첼로 시럽을 사용해 상큼하게 마무리한 게 특징입니다.

분량
10개

난이도
고

판매 기한
냉장 3일
냉동 1개월

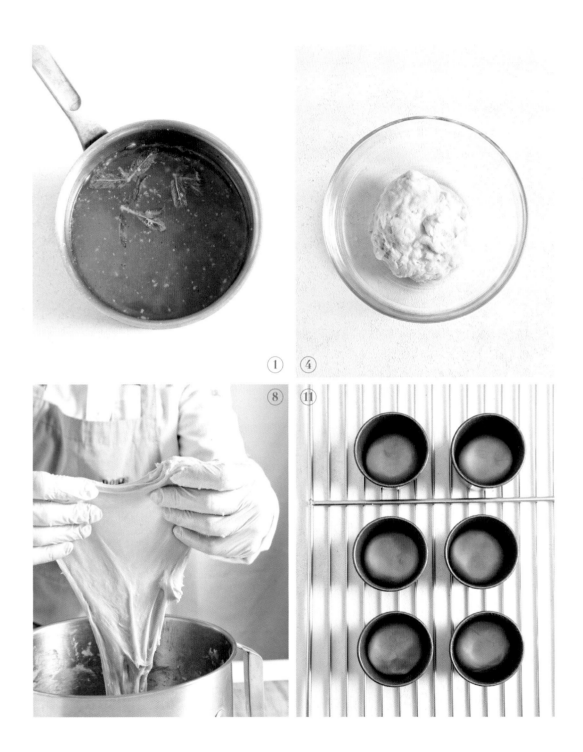

① ④

⑧ ⑪

미리 준비하기

귤 마멀레이드 → 기본 레시피 32p 참조

나파주 → 기본 레시피 35p 참조

INGREDIENTI

•

지름 5.5cm, 높이 5.5cm 바바 오 럼
몰드 → 모델명: Matfer 345593

리몬첼로 시럽

물	240g
만다린 퓌레	60g
설탕	90g
오렌지 제스트	5g
바닐라 빈	1/2개
레몬즙	6g
민트 잎	6g
리몬첼로*	100g

비가 반죽*

밀가루(T45)	52g
물	31g
생이스트	2.5g

바바 반죽

밀가루(T45)	155g
설탕	16g
달걀	95g
노른자	51g
생이스트	3g
소금	3g
버터	95g

PROCEDIMENTO

•

리몬첼로 시럽

1 냄비에 모든 재료를 넣고 가열하여 끓인 뒤 냉장고에 넣고 밤새 향을 우린다.

2 시럽만 체에 거른 다음 냉장 보관한다.

비가 반죽

3 믹서볼에 모든 재료를 넣고 훅을 이용하여 저속으로 5분 동안 믹싱한다.

4 반죽을 둥글려 온도 28~30℃, 습도 80% 발효실에 넣고 1시간 30분 동안 발효시킨다.

바바 반죽

5 믹서볼에 밀가루, 설탕, 달걀, 노른자, 생이스트를 넣고 훅을 이용하여 저속으로 6분 동안 믹싱한다.

6 비가 반죽과 소금을 넣고 저속으로 6분 믹싱하다가 중고속으로 올려 6분 더 믹싱한다.

7 저속으로 믹서를 작동시키며 버터를 2번에 나누어 넣은 뒤 반죽이 볼에서 떨어질 때까지 믹싱한다.

8 반죽에 탄력이 생기고 매끈하게 될 때까지 속도를 올려 몇 분간 더 믹싱한다.

9 반죽을 둥글린 뒤 10분 동안 중간 휴지시킨다.

10 반죽을 성형하기 쉽도록 영하 30℃ 이하 급속 냉동고에 30분 동안 넣어 살짝 굳힌다.

11 반죽을 40g씩 분할하여 둥글린 뒤 바바 오 럼 몰드(지름 5.5cm, 높이 5.5cm)에 팬닝하고 윗면이 평평해지도록 손가락으로 반죽을 누른다.

  → 모델명: Matfer 345593

CONSIGLI

•

셰프의 팁

* 리몬첼로(limoncello): 이탈리아의 레몬 리큐르입니다. 이탈리아의 남부 지방, 특히 소렌토 반도와 아말피 해안 지역의 질 좋은 레몬으로 만듭니다. 이탈리아에서는 저녁 식사 후 소화를 돕기 위해 도수 높은 리큐르인 디제스티보(digestivo)를 마시는 문화가 있는데, 리몬첼로는 맛이 상큼해서 디제스티보로 인기가 있습니다.

* 비가 반죽(biga): 이탈리아에서 사용하는 사전 반죽의 한 종류입니다. 빵의 발효를 돕고 깊은 풍미를 더합니다. 스펀지나 풀리시에 비해 조금 된 반죽입니다.

마스카르포네 샹티이 크림

UHT생크림	200g
분당	20g
마스카르포네 치즈	50g

마무리

귤 마멀레이드	적당량
라임	1개
나파주	적당량

12 온도 28~30℃, 습도 80% 발효실에서 반죽이 몰드 높이 1㎝ 아래로
   올라올 때까지 1시간 정도 발효시킨다.

13 몰드를 오븐랙 위에 올려 155℃로 예열한 오븐에서 15분 동안 구운 뒤
   환풍구를 열고 5분 더 굽는다.

14 조금 식으면 바바를 몰드에서 분리한다.

15 바바만 오븐랙 위에 올려 140℃로 예열한 오븐에서 환풍구를 열고
   20분 동안 건조시킨다.

16 냉동고에 넣어 식힌다.

마스카르포네 샹티이 크림

17 믹서볼에 모든 재료를 넣고 거품기를 이용하여 중속으로 단단하게 휘핑한다.

마무리

18 리몬첼로 시럽을 65℃로 데운 뒤 바바를 넣고 시럽에 푹 잠기도록 윗부분을
   무거운 것으로 누른다.

19 시럽에 적셔진 바바를 오븐랙 위에 올려 여분의 시럽을 제거한다.

20 칼로 윗면에 세로로 V자 모양 골을 내서 자른다.

21 귤 마멀레이드를 짤주머니에 담아 V자로 골을 낸 부분에 짠 뒤 스패튤러로
   매끈하게 정리한다.

22 귤 마멀레이드를 짠 부분이 위로 가도록 바바를 플레이팅 용기(12.5×8㎝,
   높이 4㎝)에 담고 윗면에 나파주를 바른다.
   → 모델명: 새로피엔엘 티라미수 용기 소형 금색

23 마스카르포네 샹티이 크림을 지름 1㎝ 생토노레 깍지를 끼운 짤주머니에
   담아 마멀레이드 위쪽에 지그재그 모양으로 짠다.

24 라임 제스트, 나파주를 바른 라임 조각, 리몬첼로(분량 외)를 담은 피펫으로
   장식한다.

CONSIGLI
셰프의 팁

1 바바는 시럽에 적셔 냉동 보관해 두었다가 필요할 때 냉장고에서 해동하여 사용할 수 있습니다.

2 보다 안정된 상태로 마스카르포네 샹티이 크림을 완성하려면 중속으로 휘핑하는 것이 좋습니다.

발사믹 젤리를 곁들인 딸기 판나코타

PANNA COTTA ALLE FRAGOLE ED ACETO BALSAMICO

티라미수와 함께 세계적으로 유명한 판나코타는 차갑게 먹는 크림 디저트입니다.
1960년대 이전 요리책에는 이름이 남아 있지 않지만, 이후 책들에서 이탈리아 북부 피에몬테의
전통 디저트라고 종종 인용되곤 합니다. 보통 크림에 젤라틴을 넣고 굳히는데, 전통적으로는 젤라틴을
넣지 않은 크림을 스토브에 올려 졸여서 텍스처를 만듭니다. 그래서 이름도 '익힌 크림'이라는 뜻의
판나코타panna cotta입니다. 이 레시피에서는 전통 레시피를 따라 젤라틴을 넣지 않았고,
보다 효율적으로 생산할 수 있도록 오븐을 이용해 크림을 졸입니다. 다양한 과일, 콩포트를 곁들여
부드럽고 가벼운 크림의 맛을 즐겨 보세요.

분량
9개

난이도
중

판매 기한
냉장 3일

⑤　⑩

⑬　⑱

미리 준비하기

젤라틴 매스 ─ 기본 레시피 34p 참조
파스타 프롤라 ─ 기본 레시피 24p 참조, 나파주 ─ 기본 레시피 35p 참조

INGREDIENTI

•

지름 8cm, 높이 4.5cm 110㎖
─ 모델명: JAJU 내열 유리볼

판나코타

UHT생크림	500g
오렌지 제스트	5g
바닐라 빈	1/2개
흰자	120g
설탕	85g
소금	0.5g

발사믹 젤리

물	65g
젤라틴 매스	35g
발사믹 식초	100g

파스타 프롤라 디스크

파스타 프롤라	250g

딸기 콩포트

딸기	300g
민트 잎	3g
오렌지 제스트	2g
나파주	40g

PROCEDIMENTO

•

판나코타

1 냄비에 생크림, 오렌지 제스트, 바닐라 빈을 넣고 가열하여 끓인 뒤 불을 끄고 15분 정도 향을 우린다.

2 볼에 흰자, 소금, 설탕을 넣고 손거품기로 잘 섞는다.

3 ①을 다시 뜨겁게 가열하여 ②에 넣고 핸드블렌더로 갈아 크림을 만든다.

4 크림 표면을 밀착 래핑한 뒤 냉장고에 넣어 차갑게 식힌다.

5 실리콘매트를 깐 오븐랙 위에 유리볼을 올리고 디스펜서를 이용하여 크림을 75g씩 담는다.

6 100℃로 예열한 오븐에 넣고 45분 동안 크림을 졸인다.

7 냉장고에 넣어 차갑게 식힌다.

발사믹 젤리

8 따뜻한 물에 젤라틴 매스를 넣고 녹인다.

9 발사믹 식초를 넣고 섞는다.

10 냉장고에 넣어 젤리가 반 정도 굳으면 판나코타 위에 20g씩 올린다.

11 다시 냉장고에 넣어 완전히 굳힌다.

파스타 프롤라 디스크

12 파스타 프롤라는 2㎜ 두께로 밀어 편 뒤 냉동고에 10분 동안 넣어 휴지시킨다.

13 휴지시킨 반죽은 지름 8cm 주름 원형 커터로 9장 자른 뒤, 지름 3cm의 원형 커터, 지름 1.8cm, 지름 1.4cm의 원형 깍지로 각각 찍어 내 모양을 만든다.

14 냉장고에 넣고 1시간 동안 휴지시킨다.

15 실리콘 타공매트 2장 사이에 넣고 160℃로 예열한 오븐에서 12분 동안 굽는다.

딸기 콩포트

16 딸기는 작은 큐브 모양으로 자르고 민트 잎은 가늘게 채를 썬다.

17 오렌지 제스트와 나파주를 넣고 잘 섞는다.

마무리

18 발사믹 젤리 위에 딸기 콩포트를 올리고 위에 나파주(분량 외)를 바른다.

19 유리볼 위에 파스타 프롤라 디스크를 올려 장식한다.

CONSIGLI

•

셰프의 팁

1 판나코타는 단면이 예뻐 투명한 유리잔으로 연출하면 좋습니다.

2 판나코타 믹스는 미리 만들어 두었다가 필요할 때 신선하게 오븐에 익혀 사용하면 좋습니다.

3 딸기 대신 블루베리, 라즈베리와 같은 다양한 베리류를 사용해도 좋습니다.

칼루아 잔두야 로셰

ROCHER KAHLUA E GIANDUIA

세계적으로 유명한 이탈리아의 헤이즐넛 초콜릿 '페레로 로셰Ferrero Rocher'에서 영감을 받아 만들었습니다. 부드러운 칼루아 마스카르포네 무스 안에 고소한 잔두야 크림을 넣고 로셰 글레이즈로 마무리했습니다. 로셰Rocher는 페레로 회사의 창시자인 '미켈레 페레로Michele Ferrero'가 프랑스의 성녀 발현지인 동굴, '로셰 드 마사비엘Rocher de Massabielle'의 이름을 따서 지은 제품명이라고 합니다. 이와는 별개로 초콜릿에 견과류를 섞어 페레로 로셰처럼 표면을 울퉁불퉁하게 만드는 제품도 로셰(프랑스어로 '바위')라고 부릅니다. 따뜻한 카푸치노나 카페 라테와 잘 어울립니다.

분량
6개

난이도
상

판매 기한
냉장 3일

RACCONTO. 잔두야(Gianduia)

잔두야는 이탈리아의 헤이즐넛 초콜릿입니다. 1800년대에 나폴레옹의 대륙 봉쇄령으로 이탈리아에 카카오 수입이 어려웠던 때 탄생했습니다. 이탈리아 북부 토리노(Torino) 지방의 한 제과사가 부족한 카카오 대신 지역 특산품인 헤이즐넛을 갈아 초콜릿을 만든 것이 계기가 되었습니다. 잔두야의 원래 이름은 사투리로 '작은 한입'이라는 뜻의 '기부(Givu)'였다고 합니다. 잔두야는 퍼레이드에 등장하는 캐릭터 이름이었는데, 1800년대 후반에 한 퍼레이드에서 잔두야가 '기부'를 사람들에게 나눠 주면서 헤이즐넛 초콜릿의 이름이 잔두야가 되었습니다. 잔두야는 이후 전세계적으로 사랑받는 초콜릿이 되었습니다.

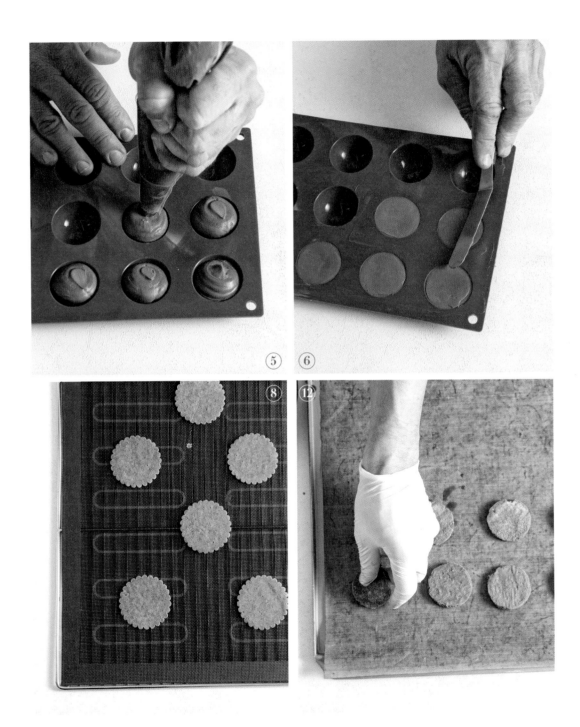

⑤ ⑥ ⑧ ⑫

미리 준비하기

젤라틴 매스 → 기본 레시피 34p 참조

커피 파스타 프롤라 → 기본 레시피 25p 참조

칼루아 마스카르포네 라이트 무스 → 기본 레시피 31p 참조

레이디 핑거 스펀지 → 기본 레시피 28p 참조

에스프레소 시럽 → 기본 레시피 37p 참조

로셰 글레이즈 → 기본 레시피 33p 참조

INGREDIENTI

•

[잔두야 크림]
지름 3.5㎝ 반구형 실리콘몰드
[칼루아 잔두야 로셰]
지름 6㎝ 구형 실리콘 몰드

잔두야 크림

UHT생크림	72g
우유	72g
인스턴트 블랙 커피	2g
노른자	30g
젤라틴 매스	10g
잔두야 초콜릿	175g

커피 파스타 프롤라

커피 파스타 프롤라	250g

마무리

레이디 핑거 스펀지	6장
에스프레소 시럽	적당량
칼루아 마스카르포네 라이트 무스	
	420g
로셰 글레이즈	적당량
금박	적당량

PROCEDIMENTO

•

잔두야 크림

1 소스팬에 생크림, 우유, 인스턴트 커피를 넣고 끓인다.

2 볼에 노른자를 넣고 끓인 ①의 1/2을 섞은 뒤, 다시 소스팬에 넣고 84℃로 가열하여 앙글레즈 크림을 만든다.

3 불에서 내려 젤라틴 매스를 넣고 손거품기로 섞는다.

4 다른 볼에 잔두야 초콜릿을 넣고 ③을 부어 잘 녹인 후 핸드블렌더로 유화시킨다.

5 얼음볼 위에 올려 30℃로 식힌 뒤 짤주머니에 담아 지름 3.5㎝ 반구형 실리콘 몰드에 채운다.

6 몰드 윗면을 스패튤러로 깔끔하게 정리한 뒤 냉동고에 넣어 얼린다.

커피 파스타 프롤라

7 반죽은 두께 0.5㎝로 밀어 편 뒤 지름 7㎝의 주름 원형 커터로 자른다.

8 실리콘 타공매트 위에 올린 뒤 그 위에 다른 타공매트를 덮는다.

9 타공매트째 오븐랙 위에 올려 160℃로 예열한 오븐에서 15분 동안 굽는다.

10 식으면 실온에서 보관한다.

마무리

11 레이디 핑거 스펀지는 지름 5㎝ 원형으로 잘라 6장 준비한다.

12 자른 스펀지를 에스프레소 시럽에 적신 뒤 냉동고에 넣어 얼린다.

13 믹서볼에 칼루아 마스카르포네 무스를 넣고 부드럽게 휘핑한다.

⑮ ⑯

⑱ ㉒

14 무스를 짤주머니에 담아 지름 6㎝ 구형 실리콘 몰드 높이의 1/2까지
채운다.

15 스패튤러를 이용해 몰드 안쪽에 무스를 균일한 두께로 펴 발라 구 모양을
만들면서 기포를 제거한다.

16 무스를 바른 몰드 가운데에 얼린 잔두야 크림을 넣는다.

17 위에 칼루아 마스카르포네 무스를 조금 짜고 ⑫의 스펀지를 넣는다.

18 몰드 남은 부분에 칼루아 마스카르포네 무스를 채운 뒤 스패튤러로
윗면을 깔끔하게 정리한다.

19 무스를 몰드째 냉동고에 넣어 단단하게 얼린다.

20 몰드에서 분리한 뒤 냉동고에 보관한다.

21 전자레인지를 이용하여 로셰 글레이즈를 32~35℃로 녹인다.

22 꼬치를 이용하여 얼린 무스를 로셰 글레이즈에 디핑한 뒤 커피 파스타
프롤라 위에 올린다.

23 금박으로 장식한 뒤 냉장 보관한다.

CONSIGLI
·
셰프의 팁

1 무스는 글레이즈 직전까지 완성해서 냉동 보관해
두었다가 필요할 때 사용할 수 있습니다.

산 주세페 제폴레

ZEPPOLE DI SAN GIUSEPPE

제폴레는 튀긴 슈 반죽에 크림을 채운 디저트입니다. 이탈리아에서는 매년 3월 19일 '산 주세페(성 요셉) San Giuseppe의 날' 제폴레를 먹기 때문에 여러 노점에서 제폴레를 판매합니다. 예수님의 아버지였던 성 요셉이 이집트로 피신했을 때, 가족 부양을 위해 튀김과자를 만들어 팔던 것을 기념하기 위한 것이라고 합니다. 성 요셉은 성인(聖人)이기 이전에 예수님의 아버지였기 때문에 3월 19일은 이탈리아에서 '아버지의 날'이기도 합니다. 그래서 제폴레는 이탈리아의 '아버지의 날' 먹는 디저트로도 알려져 있습니다. 그만큼 제폴레는 이탈리아에서 여러모로 의미 있는 디저트입니다.

분량
6개

난이도
중

판매 기한
냉장 1일

INGREDIENTI

•

마르살라 크림

우유	250g
UHT생크림	150g
설탕	110g
소금	1g
노른자	125g
옥수수 전분	42g
마르살라 와인	100g

제폴레 반죽

우유	50g
물	50g
버터	50g
소금	2g
강력분	100g
달걀	100~120g
설탕	8g
베이킹 파우더	1g
해바라기씨유(튀김용)	적당량

마무리

다진 피스타치오	적당량
데코 스노우	적당량
아마레나 체리	6개

PROCEDIMENTO

•

마르살라 크림

1 소스팬에 우유, 생크림, 설탕의 1/2, 소금을 넣고 끓인다.

2 볼에 노른자, 남은 설탕의 1/2을 넣고 섞은 뒤 옥수수 전분, 마르살라 와인을 차례로 섞는다.

3 ②에 ①의 1/2을 섞은 뒤, 다시 ①에 넣고 중불로 2분 동안 끓여 크림을 만든다.

4 얼음볼 위에서 식힌 뒤 냉장고에 넣어 차갑게 보관한다.

제폴레 반죽

5 냄비에 우유, 물, 버터, 소금을 넣고 가열한다.

6 ⑤가 끓으면 강력분을 넣고 주걱으로 저으며 2분 동안 익힌다.

7 믹서볼로 옮긴 뒤 비터를 작동시키며 달걀을 조금씩 넣고 섞는다.

8 반죽이 35℃로 식으면 설탕, 베이킹 파우더를 넣고 섞는다.

9 반죽을 지름 1.8㎝ 별 깍지를 끼운 짤주머니에 담은 뒤 실리콘매트 위에 지름 7㎝의 링 모양으로 짠다.

10 165℃로 예열한 오븐에 넣고 20분 동안 굽는다.

11 식으면 170℃로 예열한 해바라기씨유에 넣고 색이 고루 나도록 튀긴다.

12 오븐랙에 잠시 올렸다가 키친타월 위로 옮겨 여분의 기름을 제거한다.

마무리

13 제폴레는 가로로 반 잘라 짝을 맞춘 뒤 냉동고에 10분 동안 넣고 식힌다.

14 마르살라 크림을 지름 1.8㎝ 별 깍지를 끼운 짤주머니에 담아 아랫면에 짜고 윗면을 덮는다.

15 마르살라 크림을 지름 1.5㎝ 별 깍지를 끼운 짤주머니에 담아 윗면에 로제트 모양으로 짠다.

16 다진 피스타치오로 장식한 뒤 데코 스노우를 뿌린다.

17 크림 위에 아마레나 체리를 1개 올려 마무리한다.

CONSIGLI

•

셰프의 팁

1 제폴레는 즉석에서 튀겨 바로 크림을 파이핑하는 것이 가장 맛있습니다.

2 반죽은 파이핑해서 냉동해 두었다가 필요할 때 마무리해서 사용할 수 있습니다.

리코타 칸놀리

CANNOLI ALLA RICOTTA

칸놀리는 과자를 원통 모양으로 튀긴 뒤 크림을 채운 디저트입니다. 티라미수, 판나코타와 함께
이탈리아를 대표하는 디저트로 이탈리아 남부 시칠리아섬에서 왔습니다. 예전에는 속이 빈 대나무,
갈대에 말아서 튀겼기 때문에 독특한 원통 모양이 생겼다고 합니다. 그래서 이름도 '대나무, 갈대,
파이프'라는 뜻을 가진 '칸나canna'에서 왔습니다. 시칠리아에서는 어떤 제과점이 잘하는지 보려면
먼저 칸놀리를 먹어 봐야 한다고 합니다. 여기 소개하는 칸놀리는 시칠리아의 와인, 시나몬 파우더를
넣은 바삭한 셸, 풍부하고 부드러운 리코타 크림의 조화가 일품입니다.
칸놀리로 시칠리아의 매력에 빠져 보세요.

분량
6개

난이도
중

판매 기한
[크림을 채운 뒤]
냉장 1일

RACCONTO. 리코타 치즈
이탈리아 북부에 티라미수 재료인 마스카르포네 치즈가 있다면, 남부에는 칸놀리(cannoli), 카사타(cassata)에 사용하는 리코타
치즈가 있습니다. 리코타 치즈의 기원은 고대 로마 시대 이전으로 거슬러 올라갑니다. 모차렐라, 페코리노 등 다른 치즈를 만들고
남은 유청을 익혀서 만드는데, 그래서 '다시 익힌다'라는 뜻의 '리코타(ricotta)'라는 이름이 생겼습니다. 짠맛이 없고 지방 함량이
낮아 부드럽고 가벼운 리코타 치즈는 요리나 디저트의 단골 재료입니다.

⑤ ⑥ ⑨ ⑬

INGREDIENTI

·

지름 2.5㎝, 길이 14.5㎝ 논스틱
튜브 → 모델명: Sanneng SN42124

칸놀리 코팅

카카오 버터	100g
다크 초콜릿(55%)	100g

칸놀리 반죽

밀가루(T55)	190g
설탕	8g
버터	7g
달걀	30g
카카오 파우더	4g
소금	2g
화이트 식초	2g
레드 와인(네로 다볼라)	60g
시나몬 파우더	0.2g
해바라기씨유(튀김용)	적당량

리코타 크림

리코타 치즈	315g
설탕	65g
캔디드 오렌지 필	38g
다크 초코진주 크런치	25g
오렌지 블로섬 워터	8g

마무리

다진 그린 피스타치오	적당량
데코 스노우	적당량

PROCEDIMENTO

·

칸놀리 코팅

1 카카오 버터를 먼저 녹인 뒤, 초콜릿을 넣어 마저 녹이고 잘 섞어
   냉장고에 보관한다.

칸놀리 반죽

2 믹서볼에 해바라기씨유를 제외한 모든 재료를 넣고 매끈하고 단단하게
   잘 섞일 때까지 훅으로 5~6분 동안 믹싱한다.
3 반죽을 랩으로 싸서 냉장고에 넣고 2시간 동안 휴지시킨다.
4 제면기나 파이롤러를 이용해서 반죽을 2㎜ 두께로 얇게 밀어 편 뒤
   지름 10㎝ 원형 커터로 자른다.
5 자른 반죽으로 튜브 틀(지름 2.5㎝, 길이 14.5㎝)을 감은 다음 끝부분에
   흰자(분량 외)를 발라 양끝을 붙인다. → 모델명: Sanneng SN42124
6 170℃로 예열한 해바라기씨유에 튜브째 넣고 3~4분 동안 색이 고루
   나도록 튀긴다.
7 오븐랙에 잠시 올렸다가 키친타월 위로 옮겨 여분의 기름을 제거한다.
8 냉장고에 10분 동안 넣어 식힌다.
9 칸놀리 코팅 재료를 35℃로 녹인 뒤 붓으로 셸 안쪽에 발라 코팅한다.

리코타 크림

10 리코타 치즈는 체에 내려 부드럽게 푼다.
11 믹서볼에 리코타 치즈와 설탕을 넣고 비터로 믹싱한다.
12 다진 오렌지 필, 초코진주, 오렌지 블로섬 워터를 넣고 마저 섞는다.

마무리

13 리코타 크림은 지름 1.8㎝ 원형 깍지를 끼운 짤주머니에 담아
   셸에 70g씩 짠다.
14 양쪽 끝부분에 다진 피스타치오를 묻힌다.
15 표면에 데코 스노우를 뿌린다.

CONSIGLI

·

셰프의 팁

1 리코타 크림은 최대 3일 냉장 보관이 가능합니다.
2 칸놀리 셸은 금방 눅눅해지기 때문에 가능하면 그때그때 바로 크림을 채웁니다.
3 셸 안쪽을 코팅하면 눅눅해지는 현상을 어느 정도 방지할 수 있습니다.

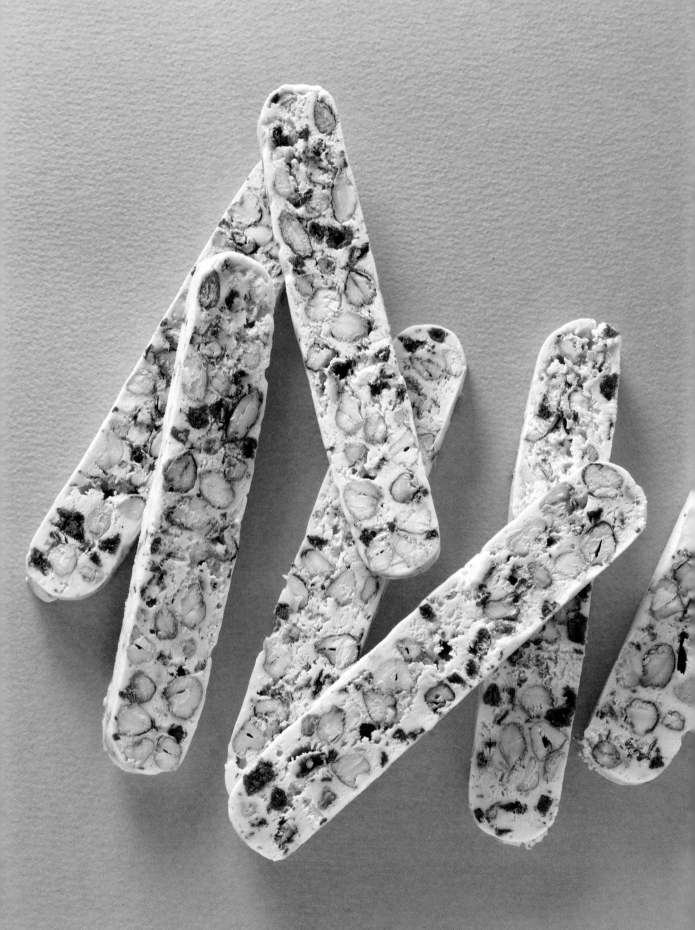

라즈베리 피스타치오 토로네

TORRONE LAMPONI E PISTACCHIO

토로네torrone는 달걀 흰자로 만드는 단단한 마시멜로 캔디입니다. 파네토네와 함께 이탈리아의 크리스마스에 빠질 수 없는 디저트지요. '토로네'라는 말은 '노릇하게 굽다'라는 뜻의 라틴어 '토레레torrere'에서 왔습니다. 고대 그리스 로마 시대부터 먹던 디저트 '누카툼nucatum'에서 기원했다는 이야기도 있고, 아랍이 남부 유럽을 지배할 때 전해졌다는 설도 있습니다. 프랑스에도 '누가nougat'라는 이름의 비슷한 디저트가 있습니다. 보기에도 예쁘고 입에서 살살 녹는 달콤한 토로네는 간식용으로도, 선물용으로도 그만입니다.

분량
22개

난이도
상

판매 기한
[래핑한 상태]
실온 2주

INGREDIENTI

•

토로네 반죽

흰자	45g
물	90g
설탕	270g
글루코스 시럽	52g
꿀	205g
카카오 버터	60g
그린 피스타치오	235g
동결건조 라즈베리	45g

PROCEDIMENTO

•

1 믹서볼에 흰자를 넣는다.

2 냄비에 물, 설탕, 글루코스 시럽을 넣고 가열하여 150℃까지 끓이고, 다른 냄비에 꿀을 가열하여 130℃까지 끓인다.

3 가열하던 설탕 시럽의 온도가 130℃가 될 때부터 ①의 흰자를 거품기로 휘핑하여 머랭을 올린다.

4 시럽이 끓으면 믹서를 고속으로 돌리며 머랭에 150℃의 설탕 시럽을 먼저 섞은 뒤 연이어 130℃의 꿀을 넣고 섞는다.

5 믹서기를 계속 작동시켜 머랭이 60~70℃로 식으면 50℃로 녹인 카카오 버터를 넣고 섞는다.

6 머랭이 따뜻할 때 거품기를 비터로 바꾸고 피스타치오, 라즈베리를 섞는다.

7 ⑥을 대리석 작업대로 옮겨 25×12㎝, 2.5㎝ 두께로 모양을 만든다.

8 식용유(분량 외)를 바른 유산지에 올려 랩으로 싼 뒤 밀대로 평평하게 모양을 다듬는다.

9 실온에서 12시간 동안 굳힌다.

10 1㎝ 두께로 슬라이스 한 뒤 랩으로 개별 포장한다.

CONSIGLI

•

셰프의 팁

1 토로네가 너무 딱딱해서 슬라이스 하기 어려운 경우

• 빈 오븐팬을 넣고 오븐을 켠 뒤 40℃가 되면 오븐을 끕니다.

• 미리 넣어 둔 따뜻한 오븐팬 위에 토로네를 올린 뒤 오븐을 끈 채로 문을 닫고 30~40분 정도 둡니다.

• 토로네가 부드러워지면 꺼내서 칼로 자릅니다.

초콜릿 살라미노

SALAMINO AL CIOCCOLATO

초콜릿 살라미노*는 초콜릿, 비스킷, 견과류를 섞어 작은 살라미 모양으로 만든 과자입니다. 이탈리아와 포르투갈 지역에서 특히 인기 있는 초콜릿 디저트지요. 조금씩 슬라이스 해서 따뜻한 커피나 차와 곁들이면 더없이 잘 어울립니다. 이 레시피는 어렸을 때 가족들이 즐겨 먹던 할머니의 레시피를 기초로 하여 만들었는데 더 좋은 맛과 식감을 위해 살짝 수정하였습니다.

분량
4개

난이도
하

판매 기한
냉장 1주일

* 살라미노(salamino): 이탈리아의 말린 소시지로 작은 크기의 살라미를 말합니다.

①　⑥

⑧　⑨

미리 준비하기

구운 사블레 ⋯ 파트1 황소의 눈 66p 참조

INGREDIENTI

•

초콜릿 살라미노 반죽

구운 사블레	135g
구운 헤이즐넛	75g
피스타치오	75g
캔디드 오렌지 필 큐브	75g
다크 초콜릿(55%)	85g
밀크 초콜릿(40%)	85g
헤이즐넛 페이스트	47g
버터	85g
소금	2g

마무리

데코 스노우	적당량

PROCEDIMENTO

•

1 믹서볼에 사블레, 헤이즐넛, 피스타치오, 오렌지 필을 넣고 사블레가 작은 크기로 부서질 때까지 비터로 믹싱한다.

2 다크 초콜릿, 밀크 초콜릿은 전자레인지를 이용하여 40℃로 녹인다.

3 녹인 초콜릿에 헤이즐넛 페이스트를 섞은 뒤 얼음볼 위에 올려 30℃로 식힌다.

4 믹서볼에 ③, 실온 상태의 부드러운 버터, 소금을 넣고 한 덩어리로 뭉쳐질 때까지 섞는다.

5 150g씩 분할한 뒤 랩으로 싸서 15㎝ 길이 원통형으로 만든다.

6 양쪽 끝부분을 단단하게 감아 작은 살라미 모양을 만든다.

7 냉동고에 넣어 단단하게 굳힌다.

8 랩을 벗긴 뒤 메탈 브러시를 이용하여 세로 줄무늬를 낸다.

9 데코 스노우 위에 굴려 표면에 가루를 하얗게 묻힌 다음 가능하면 18~20℃에 보관하고 어려운 경우 냉장고에 보관한다.

CONSIGLI

•

셰프의 팁

1 영업 시간 중에는 실온에서 판매하더라도 밤 동안에는 냉장고에 보관합니다.

2 황소의 눈 사블레 대신 다른 종류의 사블레나 바삭한 크럼블로 대체 가능합니다.

3 다이제스티브같은 시판 비스킷 제품을 사용해도 매우 잘 어울립니다. 시판 제품을 사용하면 그야말로 간단한 노오븐 레시피입니다.

카스타뇰레

CASTAGNOLE

카스타뇰레는 작고 동그란 모양의 도넛입니다. 이탈리아의 카르네발레Carnevale* 기간에 먹는
대표적인 디저트로 특히 로마와 인근 지역에서 많이 볼 수 있습니다. 겉은 바삭하고
속은 부드러운 도넛을 설탕에 굴려 플레인으로 먹거나 크림을 채워 먹습니다. '카스타뇰레'라는 이름은
'밤castagne'이라는 단어에서 왔는데 밤과 같은 작은 사이즈라 한입에 먹기 좋습니다.
따뜻할 때 설탕에 굴려 먹으면 멈출 수 없는 매력이 있습니다.

분량
35개

난이도
하

판매 기한
[반죽을 튀긴 후]
1일

[반죽 상태로]
냉장 5일

RACCONTO. 카르네발레(Carnevale)

베네치아에서 화려한 가면을 쓰고 퍼레이드하는 장면을 본 적이 있으신가요? 바로 이탈리아의 대표적인 축제인 '카르네발레'입니다.
부활절 전 40일간의 금식 기간(사순절)이 시작하기 전에 열리는 축제가 바로 카르네발레입니다. 카르네발레는 가톨릭 교회의 전통
축제라는 이야기도 있고, 가톨릭 교회가 농업의 신 '새턴(Saturn)'을 기리는 고대 로마의 축제 '사투르날리아(Satrunalia)'를 받아들였
다는 설도 있습니다. 아무튼 신분과 계급이 존재하던 사회에서 모두 다 같이 자유롭게 먹고 마실 수 있는 특별한 축제였던 것은 분명
합니다. 금식 기간 직전인 만큼 맛있는 음식을 많이 만들어 먹었는데, 파티가 보통 야외에서 열리기 때문에 상온에서 쉽게 상하지 않
도록 튀긴 페이스트리(카스타뇰레, 제폴레, 키아키에레 등)를 많이 먹었다고 합니다.

미리 준비하기
바닐라 파우더 → 기본레시피 37p 참조

INGREDIENTI

•

럼 시럽

물	250g
설탕	250g
오렌지 제스트	5g
럼	75g

시나몬 설탕

설탕	200g
시나몬 파우더	8g

카스타뇰레 반죽

달걀	120g
소금	2g
설탕	60g
버터	50g
밀가루(T55)	240g
베이킹 파우더	6g
레몬 제스트	5g
럼	13g
바닐라 파우더	2g
세몰리나 가루	**적당량**
해바라기씨유(튀김용)	**적당량**

PROCEDIMENTO

•

럼 시럽

1 소스팬에 물, 설탕, 오렌지 제스트를 넣고 끓인다.
2 50℃로 식으면 럼을 섞고 냉장고에 보관한다.

시나몬 설탕

3 볼에 설탕과 시나몬 파우더를 넣고 잘 섞는다.

카스타뇰레 반죽

4 세몰리나 가루, 해바라기씨유를 제외한 모든 재료를 믹서볼에 넣고 매끈한 한 덩어리 반죽이 될 때까지 4~5분 동안 비터로 믹싱한다.
5 반죽을 랩으로 싸서 냉장고에 넣고 1시간 동안 휴지시킨다.
6 반죽을 2㎝ 두께로 밀어 편 뒤 2×2㎝ 큐브 모양으로 자른다.
7 반죽을 손으로 둥글린 뒤 세몰리나 가루를 묻힌다.
8 냉장고에 20분 동안 넣어 휴지시킨다.
9 170℃로 예열한 해바라기씨유에 넣고 색이 고루 나도록 5분 정도 튀긴 다음 속까지 잘 익었는지 확인한다.
10 오븐랙에 잠시 올렸다가 키친타월 위로 옮겨 여분의 기름을 제거한다.
11 럼 시럽에 2분 정도 담가 시럽을 흡수시킨다.
12 시나몬 설탕에 굴린 뒤 90℃로 예열한 오븐에 넣고 5분 동안 건조시킨다.

CONSIGLI

•

셰프의 팁

1 시간이 지나면 단단해지기 때문에 완성 뒤 이틀 안에 먹는 것이 가장 좋습니다.

키아키에레

CHIACCHIERE

키아키에레는 리본 모양으로 꼬아 튀긴 과자입니다. 제폴레, 카스타뇰레와 함께
카르네발레(카니발)Carnevale의 대표 디저트입니다. 구하기 쉬운 재료, 간단한 레시피로 만들 수 있기
때문에 특히 인기가 많습니다. 고대 로마의 사투르날리아Saturnalia 축제 때부터 만들어 먹었다고 합니다.
지역마다 키아키에레, 프라페frappe, 첸치cenci 등 이름은 다르지만 모양과 만드는 법은 비슷합니다.
'키아키에레'는 '대화, 수다'라는 뜻인데, 과자를 먹을 때 나는 소리가 수다 떠는 소리 같아서 이런 이름이
붙었다는 설도 있고, 사보이아Savoia 왕가의 마르게리타 여왕이 손님들과 오후 담소를 나눌 때 먹어서
이렇게 불렸다고도 합니다. 가족, 친구들과 함께 대화 나누며 먹기 좋은 바삭한 간식입니다.

분량
18개

난이도
하

판매 기한
실온 3일

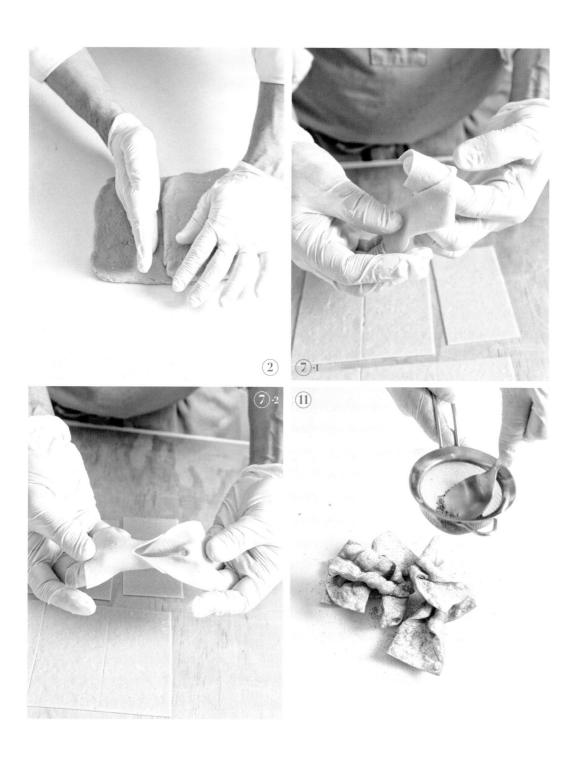

INGREDIENTI

•

키아키에레 반죽

마니토바 밀가루	255g
설탕	50g
버터	20g
달걀	40g
소금	2g
마르살라 와인	50g
럼	25g
레몬 제스트	5g
해바라기씨유(튀김용)	적당량

마무리

데코 스노우	적당량
라즈베리 파우더	적당량

PROCEDIMENTO

•

1 믹서볼에 해바라기씨유를 제외한 모든 재료를 넣고 매끈하고 단단한 한 덩어리 반죽이 될 때까지 비터로 5분 동안 믹싱한다.

2 반죽을 직사각형 모양으로 밀어 편 뒤 3절 접기를 3번 한다.

3 냉장고에 넣어 2시간 동안 휴지시킨다.

4 제면기나 파이롤러를 이용하여 두께 2mm로 얇게 밀어 편다.

5 12×6cm 크기의 직사각형으로 자른다.

6 칼로 가운데에 세로 칼집을 길게 낸다.

7 왼쪽 끝을 칼집 뒤로부터 앞으로 통과시킨 뒤 다시 왼쪽 끝으로 당겨 리본 모양으로 꼰다.

8 170℃로 예열한 해바라기씨유에 넣고 3~4분 동안 색이 고루 나도록 튀긴다.

9 오븐랙에 잠시 올렸다가 키친타월 위로 옮겨 여분의 기름을 제거한다.

10 실리콘 타공매트를 깐 오븐랙 위에 올린 뒤 120℃로 예열한 오븐에서 환풍구를 연 채로 30분 동안 건조시킨다.

11 식으면 데코 스노우와 라즈베리 파우더를 뿌린다.

CONSIGLI

•

셰프의 팁

1 얇게 밀어 편 반죽은 잘 마르기 때문에 튀기기 전까지 비닐로 잘 덮어 둡니다.

2 튀겨서 식힌 키아키에레는 밀폐 용기에 보관합니다.

3 반죽을 3절 접기하면 반죽에 힘이 생겨 성형하기 편하고 반듯한 사각형 모양이 되어 밀어 펴기도 좋습니다.

할머니 레시피 전통 티라미수

TIRAMISÙ DELLA NONNA

세계적으로 가장 유명한 이탈리아 디저트는 역시 티라미수입니다. 부드럽고 달콤한 마스카르포네 크림과 강렬한 에스프레소 커피가 기분을 '업^{up}' 시켜준다고 해서, '나를 끌어 올린다 *tirare mi sù*'는 뜻으로 티라미수라고 부릅니다. 비교적 간단하게 만들 수 있는 디저트지만 자칫하면 커피의 쓴맛이 너무 강할 수 있기 때문에 맛의 밸런스를 맞추는 것이 중요합니다.

분량
6개

난이도
중

판매 기한
냉장 3일
냉동 1개월

RACCONTO. 티라미수에 기원에 관한 이야기

티라미수는 1960년대 이후 탄생한 디저트로 역사가 오래되지 않은 것으로 알려져 있습니다. 그러나 이와는 달리 이미 1800년대에 베네치아의 근교인 트레비조(Treviso)에서 먹던 디저트라는 의견이 있습니다. 티라미수가 신선한 크림, 달걀로 만드는 제품이다 보니 냉장 시설이 없던 시절에 다른 지방으로 전해지기 어려워 오랫동안 그 지방에서만 먹었다는 것입니다.

당시 트레비조의 할머니들은 감기 걸린 아이들에게 스바투딘(sbatudin)이라는 음료를 만들어 주곤 했습니다. 스바투딘은 베네치아 사투리로 '달걀을 풀었다'라는 뜻인데, 닭이 갓 낳은 따끈한 달걀 노른자에 설탕을 넣고 거품을 낸 민간요법 음료입니다. 당시 영국식 디저트인 주파 잉글레제(zuppa inglese)가 유행하고 있었는데, 페이스트리 크림과 스펀지 케이크가 층을 이룬 주파 잉글레제를 보고 한 셰프가 영감을 받았다고 합니다. 그래서 할머니들이 만들어 주시던 스바투딘과 인근 특산물인 마스카르포네 치즈, 카카오 등을 넣고 만든 것이 바로 티라미수라고 합니다.

할머니가 만들어 주시던 에너지 음료인 스바투딘과 강렬한 커피라니! 그야말로 정신이 번쩍 나고 기분이 좋아지는 조합이라 '나를 끌어 올려 준다'는 이름까지 갖게 되었습니다. 이 디저트는 단기간에 베네치아 지방에서 유명해졌고, 시간이 흐른 뒤 이탈리아 전역 으로 퍼졌다고 합니다. 지금은 명실공히 이탈리아를 대표하는 전 세계적인 디저트가 되었는데, 트레비조 지방의 모든 할머니들에게 이 공을 돌려도 되지 않을까요?

미리 준비하기

칼루아 마스카르포네 라이트 무스 ㅡ 기본 레시피 31p 참조

에스프레소 시럽 ㅡ 기본 레시피 37p 참조

INGREDIENTI

•

지름 6.5㎝, 높이 10㎝ 300㎖
ㅡ 모델명: JAJU 내열 유리잔

티라미수

칼루아 마스카르포네 라이트 무스
        720g

사보이아르디(안티코 보르고) **12개**

에스프레소 시럽 **적당량**

카카오 파우더 **적당량**

PROCEDIMENTO

•

1 칼루아 마스카르포네 무스는 뿔이 휘어질 정도로 부드럽게 휘핑한 뒤,
    지름 1.4㎝ 원형 깍지를 끼운 짤주머니에 담는다.

2 사보이아르디는 차가운 에스프레소 시럽에 적셔 테프론시트를 깐
    오븐팬 위에 올린다.

3 시럽에 적신 사보이아르디는 냉동고에 넣어 단단하게 굳힌 뒤 반으로
    자른다.

4 유리잔에 무스를 40g씩 짜고 위에 반으로 자른 사보이아르디를 2개씩
    올린다.

5 무스, 사보이아르디를 한 층씩 더 올린 뒤 그 위에 무스 40g을 짠다.

6 내놓기 직전에 윗면에 카카오 파우더를 뿌려 마무리한다.

CONSIGLI

•

셰프의 팁

1 사보이아르디는 부드러워지도록 시럽에 충분히 적시되 형태는 유지되어야 합니다.
    간편한 준비를 위해 시중 제품을 사용했지만, 정석대로 기본 레시피의 사보이아르디(레이디
    핑거 스펀지)를 만들어 사용할 수도 있습니다. 손가락 사이즈로 짜서 굽거나, 한 판에 구워
    자른 뒤 시럽에 적셔 사용합니다.

2 티라미수는 카카오 파우더 뿌리기 전 단계까지 완성해 냉동 보관해 두었다가 사용하기 전날
    밤새 냉장고에서 해동합니다. 냉동했다 사용할 때는 먼저 데코 스노우를 뿌리고 그 위에
    카카오 파우더를 뿌려 사용합니다.

뉴 텔라

NEW TELLA

뉴 텔라는 수제 헤이즐넛 초콜릿 스프레드입니다. 간단한 재료로 손쉽게 만들 수 있는 레시피로 맛도
보장하는 고급스런 레시피입니다. 세계적으로 유명한 이탈리아의 헤이즐넛 스프레드, 누텔라의 이름을
응용해 '뉴 텔라'라고 이름 지었습니다. 누텔라는 잔두야의 발상지인 피에몬테 지방에서 시작되었습니다.
제2차 세계대전으로 카카오 수입 가격이 오르자 사람들은 잠시 기억에서 잊혀진 잔두야를 떠올렸습니다.
원래는 잘라 먹는 초콜릿 덩어리로 만들었는데, 어느 무더운 여름날 공장에 녹아 있던
잔두야 초콜릿이 아까워 병에 담으면서 누텔라가 탄생했다고 합니다. 이제는 너무 유명해져
초콜릿 스프레드의 대명사가 된 누텔라. 좋은 재료로 직접 만들어 사용해 보세요.

분량
300g 유리병 1개

난이도
하

판매 기한
실온 2주

INGREDIENTI

•

뉴 텔라 반죽

밀크 초콜릿(35%)	120g
카카오 파우더	12g
헤이즐넛 페이스트	175g

PROCEDIMENTO

•

1 밀크 초콜릿은 40℃로 녹이고, 카카오 파우더는 체 쳐 둔다.

2 볼에 밀크 초콜릿, 카카오 파우더, 헤이즐넛 페이스트를 넣고 매끈하게
   잘 섞는다.

3 얼음볼 위에 올려 잘 저으며 21℃로 식힌다.

4 유리병에 담아 뚜껑을 덮지 않은 채로 냉장고에 넣는다.

5 5분 뒤 윗부분이 굳기 시작하면 뚜껑을 닫고 22~25℃ 정도 서늘한
   곳에 보관한다.

CONSIGLI

•

셰프의 팁

1 유화제가 들어가지 않아 입자가 살짝 분리될
   수도 있으므로 잘 섞어서 사용합니다.

PART. 04

LIEVITATI E SFOGLIATI

발효빵과 페이스트리

이탈리아의 아침 식사 '콜라치오네 Colazione'

이탈리아의 아침은 출근길, 바에서 주문하는 커피 한 잔과 함께 시작합니다. 손님들은 보통 자리에 앉지 않고 웨이터가 커피를 만드는 바 앞에 서서 기다립니다. 쉼 없이 들려오는 스팀 소리, 커피잔과 받침이 달각거리는 소리를 들으며 카푸치노나 에스프레소 한 잔, 그리고 간단한 아침을 주문합니다. 코르네토 cornetto와 트라메지노tramezzino, 부드러운 빵으로 만든 샌드위치뿐만 아니라 발효빵과 페이스트리가 단골손님입니다. 하루를 시작하는 에너지의 원천인 '콜라치오네colazione', 이탈리아 사람들에게는 간단하지만 빠뜨릴 수 없는 중요한 일과입니다. 이번 파트에서는 아침 식사용으로도 좋지만 저녁 식사 전 아페리티보에 식전주와 즐기기도 좋은 간단한 빵과 페이스트리도 함께 소개합니다.

마리토초
MARITOZZO

마리토초maritozzo는 크림을 듬뿍 채운 부드러운 브리오슈 빵입니다. 로마가 위치한 라치오Lazio 주의 전통
디저트로, 역사는 고대 로마 시대로 거슬러 올라갑니다. 원래는 크림 없이 건과일만 들어간 빵이었는데
점차 오늘날의 형태로 변했습니다. 중세시대 사순절 금식 기간 동안 유일하게 허락된 디저트가 되면서
더욱 유명해졌다고 합니다. '마리토초'라는 이름은 '남편'이라는 뜻의 이탈리아어 '마리토marito'에서
왔는데, 예비 신랑이 마리토초 안에 반지를 숨겨서 예비 신부에게 프러포즈 하는 전통에서 유래되었다고
합니다. 부드러운 브리오슈 사이에 마스카르포네 크림을 먹음직스럽게 채운 마리토초,
로마에서의 어린 시절 추억이 많이 담겨 있어서 특히나 더 애착이 가는 빵입니다.

분량	난이도	판매 기한
6개	상	냉장 1일

RACCONTO. 클럽 다녀온 후 먹는 마리토초?

마리토초는 특히 로마 지역에서 자주 볼 수 있는 빵입니다. 어린 시절 아침 식사로 먹던 빵이기도 했고, 자라면서 주위에서 쉽게 찾아볼 수 있는 빵이었습니다. 로마 사람만 알 수 있는 마리토초 이야기를 하나 소개하려고 합니다. 친구들과 클럽을 다녀오는 날의 이른 새벽이면 모든 가게들은 문이 닫혀 있고 늘 몹시 배가 고팠습니다. 제과점들은 보통 밤을 새워 아침에 판매할 빵을 만드는데, 닫혀 있는 제과점 문 사이로 스며 나오는 빵 굽는 냄새는 도저히 지나칠 수 없는 유혹입니다. 참을 수가 없어 민망함을 무릅쓰고 철창을 쿵쿵 두드리면 셰프의 일을 돕던 직원들이 나옵니다. "마리토초 하나만 먹을 수 있을까요?"라고 간절히 물어보지만 문을 열면 다시 오라는 대답만 돌아옵니다. 혈기 왕성한 로마의 청년들, "그래도 하나만 먹을 수 없을까요?" 하며 끈질기게 조르지요. 그제서야 소란스러운 소리를 듣고 저 안쪽에 있던 셰프가 나옵니다. "그냥 하나 줘" 하며 손에 툭 쥐어 주던 마리토초, 얼마나 꿀맛이었는지! 로마에서의 오래된 추억 이야기입니다.

미리 준비하기

젤라틴 매스 → 기본 레시피 34p 참조

브리오슈 반죽 → 기본 레시피 26p 참조

달걀물 → 기본 레시피 36p 참조

리치 페이스트리 크림 → 기본 레시피 29p 참조

바닐라 파우더 → 기본 레시피 37p 참조

INGREDIENTI

•

마리토초 시럽

물	140g
설탕	105g
레몬 제스트	2g
오렌지 제스트	2g
바닐라 빈	1/2개

마스카르포네 샹티이 크림

UHT생크림A	170g
황설탕	56g
젤라틴 매스	40g
UHT생크림B	770g
마스카르포네 치즈	170g

마리토초 반죽

브리오슈 반죽	300g
달걀물	적당량

마무리

리치 페이스트리 크림	300g
데코 스노우	적당량
바닐라 파우더	적당량

PROCEDIMENTO

•

마리토초 시럽

1 모든 재료를 냄비에 넣고 끓인 뒤 냉장고에 넣고 밤새 향을 우린다.

마스카르포네 샹티이 크림

2 냄비에 생크림A와 황설탕을 넣고 끓인다.

3 불에서 내린 뒤 젤라틴 매스를 넣고 섞는다.

4 볼에 차가운 생크림B와 마스카르포네 치즈를 넣고 섞은 뒤 ③을 붓는다.

5 핸드블렌더로 유화시킨 뒤 냉장고에 넣어 하룻밤 동안 휴지시킨다.

마리토초 반죽

6 브리오슈 반죽은 50g씩 분할하여 둥글린다.

7 냉장고에 넣고 30분 동안 휴지시킨 뒤 다시 단단하게 둥글려 실리콘 타공매트를 깐 오븐랙 위에 올린다.

8 온도 28~30℃, 습도 80% 발효실에 넣고 1시간 30분 동안 발효시킨다.

9 윗면에 붓으로 달걀물을 바른다.

10 발효시킨 반죽을 150℃로 예열한 오븐에 넣고 15분 동안 굽는다.

11 따뜻하게 데운 시럽을 붓으로 바르거나 분무기에 담아 뿌린다.

마무리

12 브리오슈는 가로로 반 자르는데 끝부분은 조금 남겨 둔다.

13 리치 페이스트리 크림을 짤주머니에 담아 자른 브리오슈 안쪽 가운데에 50g씩 짠다.

14 휘핑한 마스카르포네 샹티이 크림을 짤주머니에 담아 브리오슈 사이에 넉넉하게 짠다.

15 무스띠나 스크레이퍼를 이용하여 여분의 크림을 깨끗하게 정리한다.

16 데코 스노우와 바닐라 파우더를 뿌린다.

CONSIGLI

•

셰프의 팁

1 둥글린 브리오슈 반죽은 냉동해 두었다가 밤새 냉장고에서 해동하여 사용할 수 있습니다.

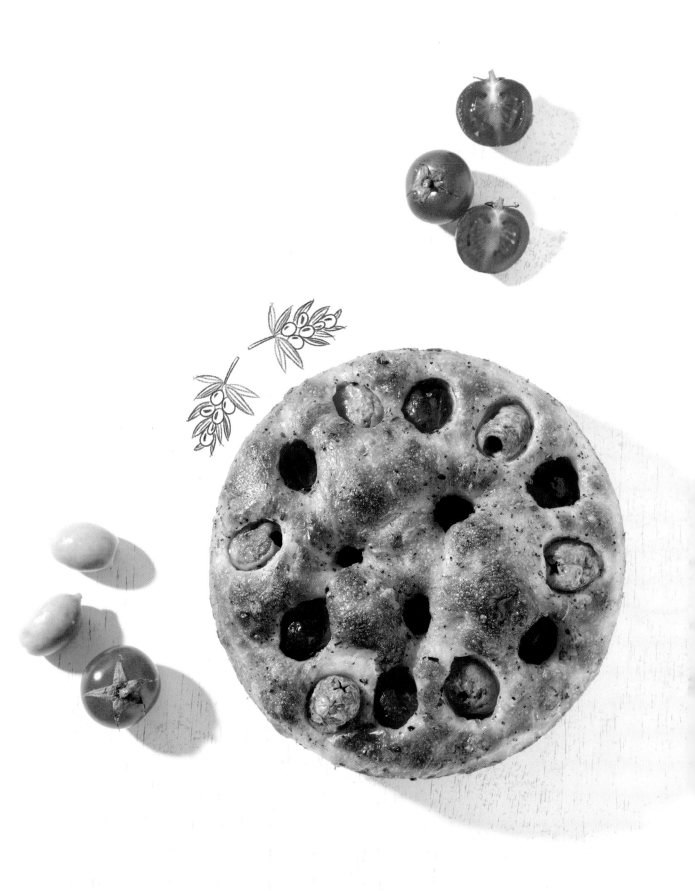

풀리아 포카치아

FOCACCIA PUGLIESE

포카치아는 둥글납작하게 구운 담백한 전통 빵입니다. 피자의 선조라고 할 수 있는 포카치아는
로마 탄생 이전 이탈리아 반도에 터를 잡은 에트루리아인Etruscans 혹은 고대 그리스인들로부터
전해졌다고 합니다. 이탈리아에서 2천 년이 넘게 사랑받아 온 빵으로 시대별, 지역별로 종류가
다양합니다. 한국에서 사랑받는 부드러운 포카치아는 '리구리아Liguria' 지역의 빵입니다.
여기서는 이탈리아 반도 뒤꿈치에 위치한 '풀리아Puglia' 지방의 포카치아를 소개하겠습니다.
단백질 성분이 높은 밀가루를 사용하기 때문에 성형하기 쉽고, 익힌 감자 전분을 넣어 밀가루보다
수분 흡수율이 높아 가볍고 부드러운 포카치아를 완성할 수 있습니다. 아침 식사나
오후 스낵으로 훌륭한 풀리아의 포카치아, 베스트 레시피로 맛있게 만들어 보세요.

분량
2개

난이도
중

판매 기한
실온 1일

③ ⑥

⑧ ⑪

INGREDIENTI

•

지름 18cm, 높이 5cm 원형 타르트
링 — 모델명: Sanneng SN3244

살라모이아 에멀션
뜨거운 물	50g
소금	2.5g
엑스트라 버진 올리브유	50g

풀리아 포카치아 반죽
감자 플레이크	40g
물A	95g
밀가루(T65)	140g
마니토바 밀가루	140g
세몰라 리마치나타*	95g
생이스트	8g
당화 몰트 파우더	6g
물B	225g
소금	7.5g
엑스트라 버진 올리브유	40g
물C	10g

PROCEDIMENTO

•

살라모이아 에멀션
1 볼에 뜨거운 물을 넣고 소금을 녹인다.
2 엑스트라 버진 올리브유를 넣고 거품기로 잘 섞는다.

풀리아 포카치아 반죽
3 볼에 감자 플레이크를 넣고 물A를 섞어서 불려 둔다.
4 믹서볼에 밀가루, 마니토바 밀가루, 세몰라, 생이스트, 당화 몰트 파우더,
  물B를 넣고 훅을 이용하여 저속으로 10분 동안 믹싱한다.
5 물에 불려 둔 감자 플레이크와 소금을 넣고 믹서기를 중속으로 올려
  6분 동안 믹싱한다.
6 믹서기를 저속으로 작동시키며 올리브유를 조금씩 넣어 섞는다.
7 물C를 조금씩 넣으며 섞은 뒤 중속으로 4분 더 믹싱한다
  (최종 온도 24~25℃).
8 반죽을 둥글린 뒤 들러붙지 않도록 올리브유를 약간 뿌려 실온에서
  10분 동안 중간 휴지시킨다.
9 휴지시킨 반죽은 380g씩 분할한 뒤 둥글린다.
10 유산지를 깐 오븐팬 위에 올리브유(분량 외)를 바른다.
11 유산지 위에 원형 타르트 링(지름 18cm, 높이 5cm)을 올리고 반죽 이음매가
  위로 가도록 뒤집어 팬닝한다. — 모델명: Sanneng SN3244
12 온도 25℃, 습도 75% 발효실에 넣고 반죽의 높이가 2배가 될 때까지
  2시간~2시간 30분 동안 발효시킨다.

CONSIGLI

•

셰프의 팁

* 세몰라 리마치나타(semola rimacinata): 세몰라는 듀럼밀을 굵게 간 것이고, 세몰라
리마치나타는 세몰라를 좀 더 곱게 간 것입니다. 듀럼밀은 밀 중에서 가장 단단하고 크기가
큰 종류로 카로티노이드 색소를 함유하고 있어 색이 진한 노란색입니다. 일반 밀에 비해
글루텐을 더 많이 포함하고 있습니다.

(13) (14)

(16) (18)

토핑

올리브	12개
방울 토마토	9개
천일염, 후추	적당량
오레가노	적당량
엑스트라 버진 올리브유	적당량

13 발효시킨 반죽 위에 실리콘 타공매트와 오븐랙을 올린 뒤 링째로 뒤집는다.

14 유산지만 걷어 내고 반죽 위에 올리브유를 뿌린 뒤 위쪽에 손가락으로
    구멍을 만든다.

15 올리브와 반으로 자른 방울 토마토를 윗면에 올린다.

16 천일염, 후추, 오레가노를 뿌린 뒤 올리브유를 넉넉히 두르고 실온에서
    30분 더 발효시킨다.

17 링째로 220℃로 예열한 오븐에 넣고 8분 동안 구운 뒤 오븐랙의 방향을
    바꾸고 온도를 180℃로 낮추어 4분 더 굽는다.

18 조금 식으면 붓으로 살라모이아 에멀션을 골고루 바른다.

CONSIGLI
●
셰프의 팁

1 구운 뒤 식혀 냉동해 두었다가
   165℃로 예열한 오븐에 5분 동안 구워
   사용할 수 있습니다.

돌체 포카치아

FOCACCIA DOLCE

돌체 포카치아는 둥글 납작한 포카치아 모양의 달콤한 브리오슈 빵입니다.
'돌체 dolce'는 이탈리아어로 '달콤하다'는 뜻입니다. 전통 디저트는 아니지만 간단하게 브리오슈
반죽을 응용하는 방법을 보여 드리기 위해 소개하는 제품입니다. 이탈리아의 유명한 레몬 리큐르인
상큼한 리몬첼로와 바닐라 설탕을 더해 아침 식사나 간식으로 먹기 좋습니다. 은은한 단맛을 가진
부드러운 브리오슈 반죽을 응용해 다양한 제품에 도전해 보세요.

분량
6개

난이도
상

판매 기한
실온 1일

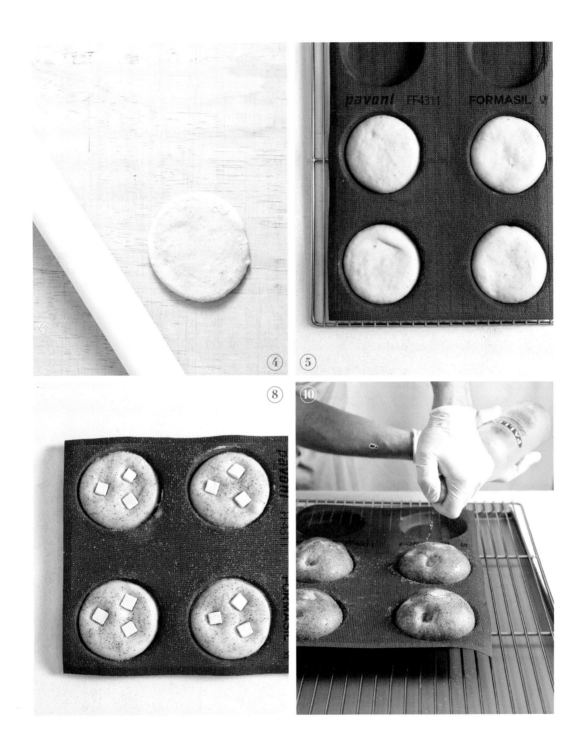

④ ⑤

⑧ ⑩

미리 준비하기
바닐라 파우더 → 기본 레시피 37p 참조
브리오슈 반죽 → 기본 레시피 26p 참조
달걀물 → 기본레시피 36p 참조

INGREDIENTI

•

지름 10㎝ 원형 실리콘 몰드
→ 모델명: Pavoni FF4311

바닐라 설탕

바닐라 파우더	8g
설탕	150g

돌체 포카치아 반죽

브리오슈 반죽	300g
달걀물	적당량

마무리

버터 큐브(1×1㎝)	18개
리몬첼로	적당량

PROCEDIMENTO

•

바닐라 설탕

1 설탕과 바닐라 파우더를 손거품기로 섞어 바닐라 설탕을 만든다.

돌체 포카치아 반죽

2 브리오슈 반죽은 50g씩 분할한 뒤 둥글린다.

3 둥글린 반죽은 냉장고에 넣어 30분 동안 휴지시킨다.

4 휴지시킨 반죽을 밀대를 이용해 지름 10㎝ 원형으로 밀어 편 뒤,
    지름 10㎝ 원형 실리콘 몰드에 팬닝한다. → 모델명: Pavoni FF4311

5 온도 28~30℃, 습도 80% 발효실에 넣어 1시간 30분 동안 발효시킨다.

6 붓으로 윗면에 달걀물을 바른 뒤 손가락으로 구멍을 3개 만든다.

7 윗면에 바닐라 설탕을 넉넉히 뿌린다.

8 버터 큐브를 개당 3조각씩 올리고 살짝 누른다.

9 몰드를 오븐랙 위에 올려 165℃로 예열한 오븐에서 13분 동안 굽는다.

10 오븐에서 꺼낸 뒤 뜨거울 때 리몬첼로를 뿌리고 흡수시킨다.

CONSIGLI

•

셰프의 팁

1 둥글린 브리오슈 반죽은 냉동해 두었다가
    밤새 냉장고에서 해동하여 사용할 수
    있습니다.

Good!!

베네치아나
VENEZIANA

베네치아나는 페이스트리 크림을 채운 작은 크기의 브리오슈 빵입니다. 롬바르디아Lombardia
지방에서 아침으로 자주 먹는 빵입니다. 베네치아의 전통 크리스마스 빵도 베네치아나라고 하는데,
반죽에 캔디드 오렌지 필을 넣고 오래 발효시켜 커다랗게 만듭니다. 크림을 채운 작은 사이즈의
베네치아나는 제2차 세계대전 이후부터 아침 식사용으로 판매되었다고 합니다. 달콤한 크림을 채운
브리오슈에 먹음직스럽게 우박 설탕을 토핑한 베네치아나. 살짝 데워서 카푸치노 한 잔과 함께
먹으면 아침 식사로 그만입니다.

분량
6개

난이도
상

판매 기한
실온 1일

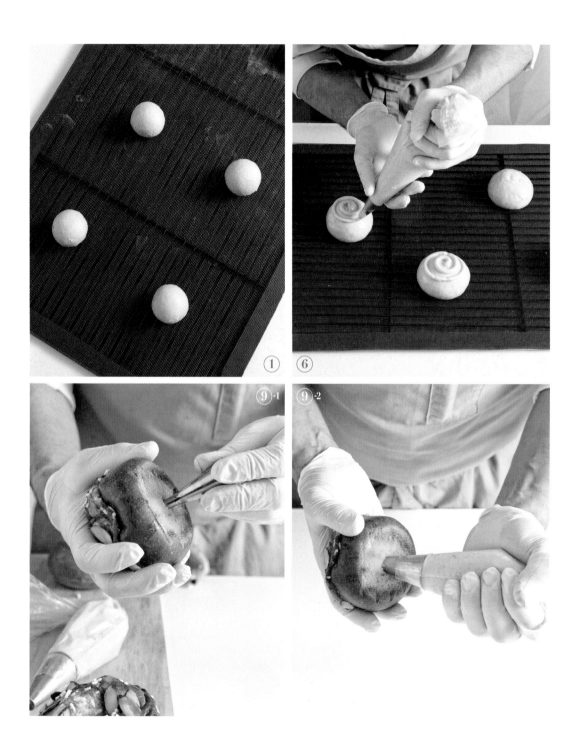

미리 준비하기

브리오슈 반죽 → 기본 레시피 26p 참조

리치 페이스트리 크림 → 기본 레시피 29p 참조

달걀물 → 기본 레시피 36p 참조

바닐라 파우더 → 기본 레시피 37p 참조

INGREDIENTI

•

베네치아나 반죽

브리오슈 반죽	300g
리치 페이스트리 크림	90g
달걀물	적당량
아몬드 슬라이스	적당량
우박 설탕	적당량

마무리

리치 페이스트리 크림	420g
데코 스노우	적당량
바닐라 파우더	적당량

PROCEDIMENTO

•

1   브리오슈 반죽은 50g씩 분할하여 둥글린다.

2   둥글린 반죽을 냉장고에 20분 동안 넣어 휴지시킨 뒤 다시 단단하게 둥글린다.

3   실리콘 타공매트를 깐 오븐랙 위에 둥글린 반죽을 올린다.

4   온도 28~30℃, 습도 80% 발효실에 넣어 1시간 동안 발효시킨다.

5   붓으로 윗면에 달걀물을 바른 뒤 30분 동안 더 발효시킨다.

6   리치 페이스트리 크림을 볼에 담아 실리콘 주걱으로 부드럽게 푼 뒤, 지름 0.6cm 원형 깍지를 끼운 짤주머니에 담아 브리오슈 윗면에 나선형으로 15g씩 짠다.

7   크림을 짠 위에 아몬드 슬라이스와 우박 설탕을 토핑한다.

8   165℃로 예열한 오븐에 넣고 17분 동안 구운 뒤 식힌다.

9   브리오슈 바닥에 크림 필링 깍지를 이용해 구멍을 뚫고 부드럽게 푼 리치 페이스트리 크림을 70g씩 짠다.

10 데코 스노우와 바닐라 파우더를 뿌린다.

CONSIGLI

•

셰프의 팁

1   둥글린 브리오슈 반죽은 냉동해 두었다가 밤새 냉장고에서 해동한 뒤 사용할 수 있습니다.

2   완성된 브리오슈는 마르지 않도록 비닐 포장합니다. 전자레인지를 이용하여 따뜻하게 데우면 더 맛이 좋습니다.

크림 봄볼로니

BOMBOLONI
ALLA CREMA

봄볼로니는 필링을 채운 이탈리아의 도넛입니다. 17세기경 잼이 들어간 오스트리아의 도넛
'크라펜krapfen'의 영향으로 만들어졌다고 합니다. 봄볼로니라는 이름은 '폭탄'이라는 뜻의
'봄바bomba'에서 유래했습니다. 둥근 모양이 폭탄을 닮았다고 해서 붙여진 이름이지요.
봄볼로니는 긴 시간 동안 발효되기 때문에 일반 공장식 도넛보다 식감이 더 부드럽습니다.
디플로마 크림을 채워도 맛있지만 과일잼이나 누텔라를 넣어도 좋습니다.

분량
11개

난이도
상

판매 기한
실온 1일

RACCONTO. 봄볼로니와 참벨라

이탈리아에서는 도넛이라고 다 같은 도넛이 아닙니다. 모양에 따라 다른 이름을 가지고 있습니다. 크림이나 잼 등 필링을 채운 도넛은
'봄볼로니(bomboloni)'라고 부르고, 가운데에 구멍이 뚫린 링 모양의 도넛은 '참벨라(ciambella)'라고 합니다.
'참벨라'는 '링(ring)'이라는 뜻을 가지고 있는데 고대 언어에서는 '완벽함'을 의미했다고 합니다. 이탈리아의 오래된 속담 중에 '모든
참벨라에 구멍이 있는 건 아니다(Non tutte le ciambelle riescono col buco)'라는 말이 있습니다. 참벨라를 튀길 때 반죽이 부풀어 올라
구멍이 막혀 버리는 경우를 빗댄 속담인데, '모든 일이 계획대로 완벽하게 이루어지는 것은 아니다'라는 뜻을 가지고 있습니다. 맛있
는 봄볼로니 반죽으로 완벽한 '참벨라'도 만들어 보세요.

미리 준비하기

리치 페이스트리 크림 ── 기본 레시피 29p 참조
젤라틴 매스 ── 기본 레시피 34p 참조

INGREDIENTI

•

디플로마 크림

UHT생크림	150g
리치 페이스트리 크림	400g
젤라틴 매스	20g

봄볼로니 반죽

밀가루A(T45)	255g
밀가루B(T55)	65g
달걀	65g
물	95g
설탕	25g
소금	4g
생이스트	13g
버터	25g
베이킹 파우더	0.6g
오렌지 제스트	3g
레몬 제스트	3g
해바라기씨유(튀김용)	적당량

마무리

설탕	적당량

CONSIGLI

•

셰프의 팁

1
밤새 저온발효시킨 반죽을 3절
접기면 반죽에 힘이 생겨
성형하기 쉽습니다.

2
봄볼로니 반죽은 둥글려 납작하게
누른 뒤 냉동고에서 4일 동안
보관할 수 있습니다. 필요할 때 밤새
냉장고에서 해동하여 사용합니다.

PROCEDIMENTO

•

디플로마 크림

1 믹서볼에 생크림을 넣고 단단하게 휘핑한다.

2 리치 페이스트리 크림은 볼에 넣고 실리콘 주걱으로 부드럽게 푼다.

3 젤라틴 매스는 따뜻하게 가열하여 녹인다.

4 녹인 젤라틴에 ②를 조금 덜어 손거품기로 초벌 섞기 한 뒤 다시 ②에 넣고
   거품기로 잘 섞는다.

5 휘핑한 생크림을 넣고 주걱으로 들어 올리듯 부드럽게 섞은 뒤 냉장고에
   넣어 차갑게 보관한다.

봄볼로니 반죽

6 믹서볼에 밀가루A, 밀가루B, 달걀, 물을 넣고 훅을 이용하여 저속으로
   한 덩어리가 될 때까지 믹싱한다.

7 설탕, 소금을 넣고 2분 동안 믹싱한 뒤 생이스트를 넣고 섞는다.

8 실온 상태의 부드러운 버터, 베이킹 파우더, 오렌지 제스트, 레몬 제스트를
   넣고 반죽이 매끈해질 때까지 믹싱한다.

9 급속 냉동고에 30분 동안 넣어 발효를 중단시킨 뒤 냉장고로 옮겨 밤새
   저온 숙성시킨다.

10 다음 날 반죽을 2㎝ 두께로 밀어 편 뒤 3절 접기를 3번 한다.

11 반죽을 50g씩 분할한 뒤 둥글린다.

12 둥글린 반죽은 냉장고에 넣어 20분 동안 휴지시킨다.

13 유산지를 12×12㎝ 정사각형으로 자른 뒤 휴지시킨 봄볼로니를 올리고
   손으로 납작하게 누른다.

14 온도 28~30℃, 습도 80% 발효실에 넣어 1시간 30분 동안 발효시킨다.

15 튀길 때 이산화탄소가 빠져나갈 수 있도록 꼬치로 위에 구멍을 3개 뚫는다.

16 170℃로 예열한 해바라기씨유에 구멍 뚫린 면이 아래쪽으로 가도록 해
   조심스럽게 넣으며 유산지를 제거한 뒤 튀긴다.

17 꼬치로 위쪽에 구멍을 3개 더 뚫어 3분 동안 튀긴 뒤 뒤집어 3분 더 튀긴다.

18 색이 고루 나면 오븐랙에 잠시 올렸다가 키친타월 위로 옮겨 여분의 기름을
   제거한다.

19 따뜻할 때 설탕을 묻힌 뒤 90℃로 예열한 오븐에 얇고 바삭한 껍질이 생길
   때까지 5분 동안 건조시킨다.

20 식으면 옆면에 구멍을 뚫고 디플로마 크림을 짤주머니에 담아 50g씩 짠다.

오렌지 꽃물 크림 칸논치니

CANNONCINI ALLA CREMA FIOR D'ARANCIA

칸논치니cannoncini는 크림을 채운 원통 모양의 퍼프 페이스트리입니다. 피에몬테 지방의 전통 디저트로 시칠리아의 원통형 칸놀리와 비슷하게 생겨서 '피에몬테의 칸놀리cannolo alla piemontese'라고도 부릅니다. 전통적으로 마르살라Marsala 와인을 넣은 '자바리오네zabaglione' 크림을 채우지만 오늘날에는 기본 페이스트리 크림도 많이 사용합니다. 이탈리아 중북부 지역에서는 특히 일요일 저녁 식사 후에 가족들과 옹기종기 모여 디저트로 나눠 먹습니다. 그야말로 이탈리아의 소라빵이라고 할 수 있는 정다운 칸논치니입니다.

분량
6개

난이도
상

판매 기한
[구운 칸논치니 셸]
실온 3일
[크림을 채운 뒤]
실온 1일

⑨ ⑩

⑪ ⑬

⑰ ⑱

미리 준비하기

젤라틴 매스 → 기본 레시피 34p 참조

속성 퍼프 페이스트리 → 기본 레시피 27p 참조

달걀물 → 기본 레시피 36p 참조

INGREDIENTI

•

지름 2.5cm, 길이 14.5cm 논스틱
튜브 → 모델명: Sanneng SN42124

마스카르포네 크림

UHT생크림	200g
바닐라 빈	1개
노른자	35g
설탕	30g
젤라틴 매스	20g
마스카르포네 치즈	180g
오렌지 블로섬 워터	12g

칸논치니 반죽

속성 퍼프 페이스트리	300g
달걀물	적당량
터비나도 설탕*	적당량

마무리

아몬드 분태	적당량

PROCEDIMENTO

•

마스카르포네 크림

1 냄비에 생크림과 바닐라 빈의 씨를 넣고 끓인다.

2 볼에 노른자와 설탕을 넣고 손거품기로 섞는다.

3 ②에 끓인 ①의 반을 넣어 섞은 뒤, 다시 냄비로 옮겨 84℃까지 가열하여 앙글레즈 크림을 만든다.

4 불에서 내려 젤라틴 매스를 넣고 섞는다.

5 마스카르포네 치즈, 오렌지 블로섬 워터를 넣고 섞은 뒤 핸드블렌더로 유화시킨다.

6 냉장고에 넣어 밤새 휴지시킨다.

칸논치니 반죽

7 아몬드 분태는 150℃로 예열한 오븐에서 20분 동안 굽는다.

8 속성 퍼프 페이스트리 반죽은 파이롤러를 이용하여 두께 2mm로 밀어 편다.

9 반죽을 35×2.5cm 크기의 직사각형 띠 모양으로 자른다.

10 반죽끼리 잘 붙을 수 있도록 위에 물을 약간 바른 뒤 튜브(지름 2.5cm, 길이 14.5cm) 모양을 따라 반죽이 살짝 겹치도록 감는다.
   → 모델명: Sanneng SN42124

11 반죽을 감은 튜브 양끝을 잡고 나무 작업대 위에 튜브를 부드럽게 앞뒤로 굴리며 감은 반죽끼리 서로 잘 붙도록 한다.

12 칼로 원통형 양끝 부분을 깔끔하게 정리한 다음 반죽끼리 잘 붙었는지 확인하며 한 번 더 바닥에 누른다.

13 붓으로 감은 반죽에 달걀물을 칠한 뒤 터비나도 설탕을 묻힌다.

14 냉장고에 2시간 이상 넣어 휴지시킨다.

15 175℃로 예열한 오븐에 넣고 18~20분 동안 굽는다.

16 식으면 셸만 조심스럽게 튜브 틀에서 분리한다.

17 마스카르포네 크림을 휘핑한 뒤 지름 1.4cm 원형 깍지를 끼운 짤주머니에 담아 셸에 채운다.

18 셸의 양쪽 끝에 아몬드 분태를 묻힌다.

CONSIGLI

•

셰프의 팁

1 구운 뒤 실리카겔을 넣은 밀폐 용기에 담아 3일 동안 실온 보관할 수 있습니다. 바삭한 식감을 살리기 위해 크림은 가능하면 판매 직전에 채웁니다.

* 터비나도 설탕: 원당을 부분적으로 정제한 설탕으로 입자가 조금 거친 과립 형태의 설탕입니다.

미니 마르게리타 피자

PIZZETTE MARGHERITA

이탈리아에서는 지인의 집을 방문할 때 빵집이나 제과점에 들러 작은 사이즈의 케이크, 쿠키,
피체테(미니 피자)*pizzette* 등을 금색 트레이에 담아 잘 포장해 들고 가는 모습을 자주 볼 수 있습니다.
식사 후 디저트를 즐기는 문화가 있기 때문에 이런 식으로 핑거 푸드를 담아 가서
함께 나누어 먹는 것이지요. 피체테 마르게리타도 많이 판매되고 있는 핑거 푸드 제품인데요,
여기서는 속성 퍼프 페이스트리를 사용해 간단하게 만드는 법을 소개합니다.

분량
20개

난이도
중

판매 기한
실온 1일

미리 준비하기

속성 퍼프 페이스트리 ─ 기본 레시피 27p 참조
달걀물 ─ 기본 레시피 36p 참조

INGREDIENTI

•

미니 피자

속성 퍼프 페이스트리	400g
달걀물	적당량
토마토 소스	적당량
프레시 모차렐라 치즈	적당량
바질 잎	적당량

PROCEDIMENTO

•

1 속성 퍼프 페이스트리 반죽은 파이롤러를 이용하여 2㎜ 두께로 밀어 편다.
2 밀어 편 반죽을 냉장고에 넣어 밤새 휴지시킨다.
3 반죽을 지름 7㎝ 원형 커터로 잘라 실리콘 타공매트를 깐 오븐랙 위에 올린다.
4 붓으로 윗면에 달걀물을 바르고 30분 동안 휴지시킨다.
5 반죽 윗면 가운데에 지름 3㎝ 원형 커터로 자국을 낸 뒤 표시한 원 안쪽을 포크로 피케한다.
6 토마토 소스를 짤주머니에 담아 원 자국 안쪽에 짠다.
7 냉장고에 넣어 2시간 동안 휴지시킨다.
8 165℃로 예열한 오븐에 넣고 10분 동안 굽는다.
9 잠깐 오븐에서 꺼내 스패튤러로 과도하게 부풀어 오른 윗면을 가볍게 눌러 모양을 잡은 뒤 8분 동안 더 굽는다.
10 서빙 전에 토마토 소스를 조금 더 짜고 모차렐라 치즈를 올린 뒤 바질 잎으로 장식한다.

CONSIGLI

•

셰프의 팁

1 커팅한 반죽에 달걀물을 바르고 30분 동안 휴지시킨 뒤 냉동해 두었다가 필요할 때 냉장고에서 해동하여 사용할 수 있습니다.

미니 소시지 롤

SALATINI AI WURSTEL

남녀노소가 좋아하는 소시지를 퍼프 페이스트리로 감은 미니 소시지 롤입니다. 퍼프 페이스트리는
버터와 밀가루로 이루어진 수많은 층이 굽는 과정에서 부풀어 오르며 바삭하고 고소한 맛을 냅니다.
그냥 먹어도 맛있지만 사용하는 재료에 따라 다양한 맛과 크기로 연출할 수 있어 활용도가 매우 좋은
반죽입니다. 다양한 소스에 토마토, 올리브, 치즈, 새우, 버섯, 아스파라거스 등을 올려 핑거 푸드를
만들어도 좋고, 달콤한 크림과 과일을 곁들여 디저트로 만들어도 좋습니다.

분량
10개

난이도
중

판매 기한
실온 1일

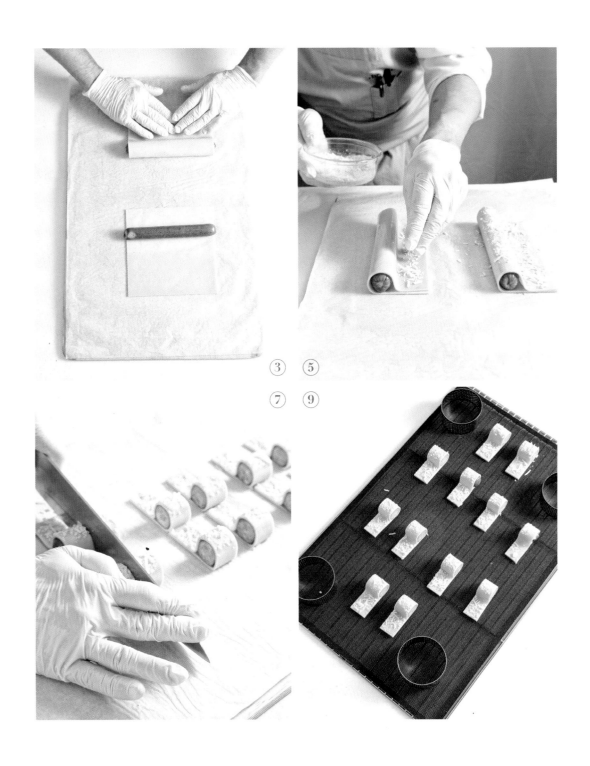

③ ⑤

⑦ ⑨

미리 준비하기

속성 퍼프 페이스트리 → 기본 레시피 27p 참조

달걀물 → 기본 레시피 36p 참조

INGREDIENTI

•

미니 소시지 롤

속성 퍼프 페이스트리	400g
소시지(길이 18cm)	2개
파르미지아노 레지아노 치즈	50g
달걀물	적당량

PROCEDIMENTO

•

1 퍼프 페이스트리 반죽을 파이롤러를 이용해 두께 2mm로 밀어 편 뒤 냉장고에서 1시간 동안 휴지시킨다.

2 휴지시킨 반죽을 18×18cm 정사각형으로 2개 자른다.

3 붓으로 반죽 끝부분에 물을 약간 바르고 소시지를 가운데에 올린 다음, 소시지가 가운데로 가도록 반죽으로 감싸 접고 끝부분을 잘 붙인다.

4 붓으로 위에 달걀물을 바른 뒤 냉장고에서 30분 동안 휴지시킨다.

5 위에 달걀물을 한 번 더 바르고 그레이터에 간 파르미지아노 레지아노 치즈를 뿌린다.

6 냉동고에 넣어 10분 동안 휴지시킨다.

7 반죽을 3cm 길이로 자른 뒤 냉장고에서 2시간 이상 휴지시킨다.

8 실리콘 타공매트를 깐 오븐랙 위 4개의 코너에 지름 3.5cm 링을 놓은 뒤 소시지 롤을 올린다.

9 4개 코너에 놓은 링 위에 다른 타공팬 한 장을 뒤집어 올린 뒤 165℃로 예열한 오븐에서 22분 동안 굽고 식힌다.

CONSIGLI

•

셰프의 팁

1 소시지 롤 반죽은 길이 3cm로 자른 뒤 냉동 보관해 두었다가 필요할 때 구워서 사용할 수 있습니다.

2 구울 때 퍼프 페이스트리가 지나치게 부풀어 오르지 않도록 위에 추가로 타공팬을 올립니다.

맥주를 넣은 그리시니

GRISSINI ALLA BIRRA

그리시니 grissini는 그 기원에 관해서 여러 이야기가 있지만 그중 하나를 소개하자면 17세기
유명한 사보이아 Savoia 왕가의 비토리오 Vittorio 공작에 관한 것입니다. 비토리오 공작은 어린 시절
소화 불량에 시달렸습니다. 그래서 의사의 제안으로 한 궁정 제빵사가 당시 토리노 지역에서 먹던 빵
게르사 ghersa 반죽을 떼어 내 얇고 긴 막대 모양으로 만든 다음 소화가 쉽도록 2번 구워 낸
브레드 스틱을 만들었는데 이것이 그리시니의 탄생이라는 것입니다. 그래서인지 피에몬테 지방에서
그리시니 없는 테이블을 찾기 어려울 정도로 사랑받는 제품이며 어떤 음식과도 잘 어울립니다.
이번에는 기네스 Guiness 맥주를 넣고 반죽해 그리시니에 깊고 쌉싸름한 풍미를 더해 보았습니다.

분량
25개

난이도
중

판매 기한
실온 1주일

INGREDIENTI

•

그리시니 반죽

밀가루(T55)	200g
세몰라 리마치나타*	50g
기네스 맥주	120g
생이스트	7g
소금	5g
몰트 파우더	2.5g
엑스트라 버진 올리브유	18g

토핑

폴렌타	적당량

PROCEDIMENTO

•

1 믹서볼에 모든 재료를 넣고 훅을 이용하여 저속으로 7분 믹싱한 뒤
   고속으로 올려 3분 더 믹싱한다(최종 온도 24~25℃).

2 반죽을 두께 0.5㎝로 밀어 편 뒤, 25×15㎝ 크기의 직사각형으로 성형한다.

3 반죽 윗면에 올리브유(분량 외)를 바른 뒤 올리브유(분량 외)를 바른 논스틱
   트레이 위에 올리고 비닐을 덮어 1시간 동안 휴지시킨다.

4 반죽을 15×1㎝ 크기로 25개 자른다.

5 손바닥으로 굴리며 45㎝ 길이로 늘인다.

6 반죽 양쪽 끝부분이 오븐팬 테두리에 걸쳐지도록 팬닝한다.

7 10분 동안 실온에서 휴지시킨다.

8 분무기를 이용하여 반죽에 물을 가볍게 뿌린 뒤 폴렌타를 뿌린다.

9 오븐팬 바깥으로 튀어 나온 반죽을 오븐팬 길이에 맞게 잘라 낸다.

10 170℃로 예열한 오븐에 넣고 15분 동안 구운 뒤 120℃로 온도를 내려
    환풍구를 열고 30분 동안 건조시킨다.

CONSIGLI

•

셰프의 팁

1 반죽용 맥주는 선호하는 브랜드로 대체 가능합니다.

2 몰트 파우더는 그리시니에 매우 독특한 풍미를 줍니다. 몰트 파우더는 설탕으로
   대체 가능합니다.

* 세몰라 리마치나타(semola rimacinata): 세몰라는 듀럼밀을 굵게 간 것이고,
   세몰라 리마치나타는 세몰라를 좀 더 곱게 간 것입니다. 듀럼밀은 밀 중에서 가장
   단단하고 크기가 큰 종류로 카로티노이드 색소를 함유하고 있어 색이 진한 노란색입니다.
   일반 밀에 비해 글루텐을 더 많이 포함하고 있습니다.

토마토 펜넬 그리시니

GRISSINI SFOGLIATI POMODORO E FINOCCHIO

'스폴리아티sfogliati'는 이탈리아어로 '퍼프 페이스트리'인데 퍼프 페이스트리 반죽으로
미니 그리시니grissini를 만들었습니다. 토마토 페이스트를 넣어 색과 맛을 냈고 이국적인 향의
펜넬 씨를 토핑으로 사용했습니다. 펜넬 씨는 이탈리아에서 차로도 많이 마시고 음식에도 자주 사용하는
재료입니다. 짭조름하고 매력적인 향을 가진 토마토 펜넬 그리시니, 아페리티보* 때 스파클링 와인인
프로세코Prosecco 한 잔과 곁들이기 좋은 스낵입니다.

분량
30개

난이도
중

판매 기한
실온 1주일

* RACCONTO. 아페리티보(Aperitivo)

아페리티보는 저녁 식사 전 식욕을 돋우기 위해 식전주 한 잔과 스낵을 곁들이는 이탈리아 문화입니다. 이탈리아는
유난히 해가 길기 때문에 저녁 식사 시간도 제법 늦은 편입니다. 그래서인지 직장인들이 퇴근길에 바에 들러 시원한
음료 한 잔과 한입 크기의 스낵인 핑거 푸드를 먹는 장면을 많이 볼 수 있습니다.

⑨ ⑩

⑪-1 ⑪-2

⑪-3 ⑪-4

미리 준비하기
달걀물 → 기본레시피 36p 참조

INGREDIENTI

•

충전용 버터

충전용 드라이 버터 (페이스트리 버터)	200g
밀가루A(T55)	22.5g
밀가루B(T45)	22.5g
토마토 페이스트	30g

퍼프 페이스트리 반죽

버터	65g
밀가루A(T55)	125g
밀가루B(T45)	125g
차가운 물	100g
소금	9g

PROCEDIMENTO

•

충전용 버터

1 믹서볼에 드라이 버터, 밀가루A, 밀가루B, 토마토 페이스트를 넣고 훅으로 한 덩어리가 될 때까지 믹싱한다.

2 반죽을 20×15㎝ 크기의 비닐로 싼 뒤 밀대를 이용해 반죽을 비닐 크기에 맞추어 밀어 편다.

3 냉장고에 넣어 2시간 동안 휴지시킨다.

퍼프 페이스트리 반죽

4 버터를 큐브 모양으로 자른 뒤 냉동고에 넣어 차갑게 만든다.

5 믹서볼에 밀가루A, 밀가루B, 차가운 큐브 버터를 넣고 비터로 버터가 모래알만한 크기가 될 때까지 믹싱한다.

6 차가운 물에 소금을 녹인 뒤 ⑤에 넣고 훅으로 한 덩어리가 될 때까지 6분 정도 믹싱한다.

7 밀대를 이용하여 반죽을 30×20㎝ 크기의 직사각형으로 밀어 편다.

8 냉장고에 넣어 2시간 동안 휴지시킨다.

9 휴지시킨 반죽 가운데에 20㎝ 너비를 맞추어 충전용 버터를 올린다.

10 충전용 버터 양옆의 반죽을 잘라 버터 위에 크기를 맞추어 올린다.

11 반죽을 밀어 편 후 4절 접기 1회, 3절 접기를 1회 한다. 반죽을 반듯하게 밀어 펼 수 있도록 접을 때마다 옆면에 칼집을 넣는다.

12 밤새 냉장 휴지시킨다.

13 다음 날 아침 다시 4절 접기 1회, 3절 접기를 1회 한다.

14 파이롤러를 이용해 반죽을 2.5㎜ 두께로 밀어 편다.

(15) (16)

(20) (21)

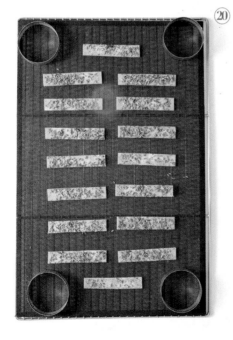
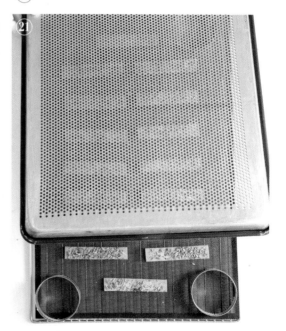

토핑

달걀물	적당량
펜넬 씨	적당량
티무트 페퍼*	적당량
천일염	적당량

15 붓으로 윗면에 달걀물을 바르고 펜넬 씨를 넉넉히 뿌린다.

16 윗면에 티무트 페퍼와 천일염을 고루 뿌린다.

17 반죽을 12㎝ 너비로 자른 뒤 냉장고에 넣어 2시간 동안 휴지시킨다.

18 휴지시킨 반죽을 12×2.5㎝ 크기의 직사각형으로 자른다.

19 냉장고에서 넣어 2시간 이상 휴지시킨다.

20 오븐랙 위에 실리콘 타공매트를 깔고 4개의 코너에 지름 3.5㎝ 원형 링을 올린 뒤, 결이 없는 쪽이 위쪽으로 향하도록 넉넉한 간격을 두고 그리니시를 올린다.

21 4개 코너의 원형 링 위에 다른 타공팬을 뒤집어 올린 뒤 165℃로 예열한 오븐에 넣고 20분 동안 색이 고루 나도록 굽는다.

CONSIGLI

•

셰프의 팁

1 반죽을 12×2.5㎝ 크기의 직사각형으로 자른 뒤 냉동 보관해 두었다가 필요할 때 구워서 사용할 수 있습니다.

2 구울 때 퍼프 페이스트리가 지나치게 부풀어 오르지 않도록 위에 추가로 타공팬을 올립니다.

* 티무트 페퍼: 네팔에서 자라는 티무트 페퍼는 밝은 자몽 향과 풍미를 가지고 있고 끝 맛에서 기분 좋은 알싸함이 느껴집니다. 티무트 페퍼 고유의 풍미는 해산물, 채소, 과일, 디저트류와 모두 잘 어울립니다.

MODERN ITALIAN
· 모던 이탈리아 디저트 ·
DESSERTS

저자 프란체스코 만니노 Francesco Mannino

발행인 장상원
편집인 이명원
초판 1쇄 2022년 8월 5일
발행처 (주)비앤씨월드 출판등록 1994.1.21 제 16-818호
주소 서울특별시 강남구 선릉로 132길 3-6 서원빌딩 3층
전화 (02)547-5233 팩스 (02)549-5235
홈페이지 http://bncworld.co.kr
블로그 http://blog.naver.com/bncbookcafe
인스타그램 @bncworld_books
진행 신정희   사진 이재희   디자인 박갑경
ISBN 979-11-86519-53-0   13590